职业教育电子商务专业改革创新教材

营销型网店美工

主　编　纪晓远

副主编　孙艳蕾　于　锦

参　编　姜　丽　李庆武　韩鸿定

　　　　李百灵　李　娜

机 械 工 业 出 版 社

电子商务发展迅猛，与传统商业不同的是，它通过视觉形成转化率，因此，网店页面的美工设计尤为重要。本书主要讲解了网店页面设计的整个流程，主要内容包括：网店设计基础知识、基于营销的商品拍摄与图片美化、文字的设计与创意、电商海报设计与创意、首页模块设计与制作、商品详情页设计与制作、店铺装修设计实例。

本书逻辑清晰、内容全面、图文并茂，从基础知识到具体模块的设计实施再到完整案例的详解，兼具了技术手册和应用技巧手册的双重特点。本书适合网店美工设计师阅读，对网店店主、运营及营销人员来说也是极具指导意义的参考书，也可作为中高职院校相关专业及电子商务培训班的教材使用。

图书在版编目（CIP）数据

营销型网店美工/纪晓远主编．—北京：机械工业出版社，2017.1（2022.6重印）

职业教育电子商务专业改革创新教材

ISBN 978-7-111-55665-7

Ⅰ．①营… Ⅱ．①纪… Ⅲ．①电子商务—网站—设计—职业教育—教材 Ⅳ．①F713.36 ②TP393.092

中国版本图书馆CIP数据核字（2016）第303096号

机械工业出版社（北京市百万庄大街22号 邮政编码100037）

策划编辑：聂志磊　　责任编辑：聂志磊 孟晓琳 徐永杰

责任校对：马丽婷

责任印制：常天培

固安县铭成印刷有限公司印刷

2022年6月第1版第7次印刷

184mm×260mm · 8印张 · 203千字

标准书号：ISBN 978-7-111-55665-7

定价：43.80元

电话服务　　　　　　　　网络服务

客服电话：010-88361066　　机 工 官 网：www.cmpbook.com

　　　　　010-88379833　　机 工 官 博：weibo.com/cmp1952

　　　　　010-68326294　　金 书 网：www.golden-book.com

封底无防伪标均为盗版　　机工教育服务网：www.cmpedu.com

前言 Preface

电子商务作为现代服务业中的重要产业，有"朝阳产业、绿色产业"之称，具有"三高""三新"的特点。"三高"即高人力资本含量、高技术含量和高附加价值；"三新"是指新技术、新业态、新方式。同时，我国出台了一系列电子商务政策和法规，推动电子商务的快速发展，从而使得电子商务发展的内在动力持续增强，电子商务人才需求逐步加大，主要有：网络营销推广专员、电子商务专员、网络运营经理、网络营销总监、网络营销经理、网络营销主管、网络营销专员、网站开发人员、网站策划、网页/网站设计师、网店美工、网络编辑、在线客服等，众多的岗位群带动了大量的岗位人才需求。

在教育部关于"培养具有综合职业能力，在生产、服务、技术和管理第一线工作的高素质劳动者和中初级专门人才"的培养目标指导下，基于社会对职业学校电子商务专业学生的基本要求和人才培养目标，考虑本书在编写时理论和实操相结合，重点突出实操性教学，学生可以根据操作步骤逐步掌握应用技能。

本书从目前主流的网店页面设计流程入手，结合营销学理念，着力介绍以下几点：

（1）摄影器材与电脑配件的选购：美工，始于拍照，需要熟练掌握摄影设备和制作设备。

（2）产品拍照：拍照的好坏决定了后面设计的难度系数，设计人员摄影技术高，可以省去不少拍摄时间，因为他更懂得商品拍摄需要哪些照片、哪些角度。

（3）主图、详情页的制作：主图是影响点击量的首要因素，而详情页则决定了后面转化率的高低。

（4）首页的制作：首页如同线下店面，是品牌形象的象征，能起到分流的作用。好的首页设计总是可以给人高端大气上档次的安全感，增加买家的信心。

（5）活动图片的制作：这其中包括推广图、节假日图、各种引流图等，要有足够的吸引力才能吸引买家点击查看里面的详情页面。

（6）同行店铺设计的分析：这其中包括对同行店铺首页、主图、详情页、引流图的分析，毕竟如果没有对比，我们永远不清楚跟同行的差距有多远。

（7）公司门户网站的设计：建立一个公司的门户网站是必不可少的。如果有必要，还可以制作一个独立商城，建立起自己一定知名度的品牌。电商平台和自己的平台双管齐下，有机配合，这也是电子商务的一大发展趋势。

（8）图片素材的收集整理分类：对于一大堆的产品拍照图、各个电商平台的图、详情页的图、自己网站的图、各种素材图，都需要科学的管理。

（9）设计中融入营销思想：掌握完整的营销思想，在自己的各种作品中都融入很强的营销思想是电商美工的必修课。

本书从网店美工需要掌握的技能开始，设计了完美的知识体系和实践体系，通俗易懂地讲解每一个技能点和知识点，同时也把大量的商业案例融入知识讲解过程中，是电商从业人员的必读宝典。

编　者

目录 Content

网店设计基础知识

随着移动互联网的迅速发展以及智能手机的普及，人们已经越来越习惯于通过网络来满足各种需求，网上购物已经成为一种生活常态。商家通过在淘宝、京东、拍拍等电商平台开设自己的网络店铺来售卖商品，而消费者通过浏览商家的网店，选择商品购买，从而实现网络购物。消费者浏览一个网上店铺时，首先看到的不是品类繁多的商品，而是网店的整体设计和风格的展示。如何让消费者第一眼就喜欢上你的店铺，如何在不计其数的网店中让你的店铺更有特色、更吸引眼球，这就要看网店的整体设计了。

学习目标

1. 理解网店设计的概念和网店装修的重要作用。
2. 了解网店的布局结构及设计工作。
3. 能够采用有效的方法确定网店的装修风格。
4. 能够熟练进行网店色彩搭配，理解其展现的营销作用。
5. 了解网店设计中需要注意的问题。

模块一 了解网店设计

一、网店设计概述

网店设计与实体店的装修都是为了让店铺漂亮，拥有独特的风格。甚至对于网店来讲，一个好的店铺设计更为重要，因为网店的客户只能通过网店的文字和图片来了解店铺，了解产品。网店设计还能起到品牌标识的作用，网店的整体形象设计能够为店铺塑造完美的形象，加深消费者对店铺的印象。

好的网店设计可以让店铺变得更有附加值，增加买家的信任感，搭配产品的营销手段，还能对店铺的品牌推广起到关键的作用。当对网店进行设计装修后，统一店铺风格，美化界面，增加促销信息，可以让买家迅速融入商家构建的营销场景中，从而更好地引导消费者购买店铺的商品。

以下展示的是设计出色的网店页面效果图。图1-1店铺的整体设计风格是复古风，感觉很温馨、婉约，体现了品牌的悠久历史，增加了品牌的美誉度，容易引起买家的信任感，同时也树立了品牌的形象，有利于品牌的推广。

图1-2是淘宝网上一家比较知名的店铺，店铺整体的装修风格比较休闲、唯美，店铺的老板曾是广告公司的文案，所以这家店铺的文案写得也很好，很多女性都是被它的文案打动而在此购物的。整个店铺的风格透着一股小资、小情怀的格调，简约的文笔配上图片，让喜欢这种情调的人更愿意在此驻足购物。

图 1-1

图 1-2

二、网店设计的作用

网店与实体店铺最大的不同就是，消费者不能在现场看到实际的商品，只能通过网店的整体设计和风格展示，来了解商家和品牌等附加信息，通过商品的图片和文字来了解商品。因此，网店的页面就像是附着了店主灵魂的销售员，网店的美化如同实体店的装修一样，让买家从视觉和心理上感觉到店铺的专业性和权威性。优秀的店铺设计能够帮助提升店铺的形象，有利于网店品牌的形成，提高浏览量及销售转化率。

下面我们来看两个店铺的首页页面。图1-3是一个基本上没有进行装修设计的店铺，店铺展示的内容只是商品图片的罗列，没有什么美感，也体现不出商家的专业性，对于买家来说，进入店铺浏览，感觉像是进了廉价卖场，很难激发买家的购买欲。图1-4是进行过精心设计的店铺，整体风格简洁、明快，颜色清新，结构设计有层次感，能体现出商家的专业性和对店铺的用心。买家进入店铺浏览，首先就会被精美的画面吸引，从而增加在店铺的停留时间；店铺有层次的布局，提高了店铺商品的曝光机会，并潜在地增加了用户的购买欲。

图 1-3

图 1-4

由此可见，好的店铺设计对于网店的商品销售有很重要的作用，主要表现在以下几个方面。

1. 树立店铺的品牌形象

设计装修好的精品网店，传递的不仅是商品信息，还包括店主的经营理念、文化素养，以及品牌的历史、价值等附加值，这些都会给网店的形象加分，同时也有利于网店品牌的形成。

2. 提高顾客对店铺的信任感

对于顾客来说，网购只能通过虚拟的网络店铺来浏览商品，不能看到商品的实物。因此，商家更应该在设计美观度上下工夫，让顾客可以通过设计精美的画面和内容来了解商品，这样更容易吸引顾客并留住顾客。通常来说，精心设计的店铺，往往会给顾客带来信任感，会认为店铺是专业的、有权威性的。

3. 增加顾客在店铺的停留时间

设计美观、合理的网店，会给顾客带来美的视觉享受，浏览过程也会变得轻松愉悦，不容易产生疲劳，顾客自然会细心察看网店的商品。同时，好的商品在诱人的设计衬托下，也会让顾客难以拒绝。

4. 提升商品的销售率

很多新手商家忽略了网店设计，只是把大量的商品上架，网店分类混乱，商品详情也只是简单的图片和文字，图片也没有进行后期的技术处理。这样的店铺给顾客的感觉就是不专业、不用心，用户的购物体验差，自然就不会购买商品。而通过精心设计的网店页面能够给顾客留下专业、权威的感觉，会大大提高店铺商品的销售率。

三、网店的布局结构与设计工作

电商网店的结构都大致相同，基本上都包括店铺首页、店铺列表页、宝贝详情页，其中店铺首页、宝贝详情页的设计和制作是重中之重，下面分别进行介绍。

（1）店铺首页，图1-5所示为某店铺首页效果图，该店铺首页主要包括：店招、导航栏、欢迎模块、活动模块、商品展示等部分，对应的结构部分如图1-6所示。首页设计中的主要工作有以下几点。

1）首页设计中，要根据店铺的商品和品牌来确定店铺的整体风格及配色。

2）店招是品牌展示的窗口，整个网店只有一个店招，会显示在店铺的所有页面的上方。在设计店铺时，一定要注意品牌定位和产品定位，好的店招对于树立品牌形象起着重要的作用。

3）欢迎模块是顾客进入网店后首先看到的区域，因此，在设计时首先考虑的就是要美观，要吸引人，通常店铺的促销活动、重要信息都会显示在欢迎模块中。

4）活动模块、商品展示考虑整体的布局和层次，设计时要考虑用户体验，以引导的方式吸引用户，延长顾客在店铺的停留时间。

5）店铺页尾包括购物保障、发货须知等信息，内容上可添加消保、7天无理由退换等保障服务及客服联系方式等。

（2）店铺列表页，如图1-7所示效果图，列表页会按用户选择的宝贝分类来显示商品列表。

（3）宝贝详情页效果图如图1-8所示，宝贝详情页主要展示商品的详细信息，包括图片、文字等内容。宝贝详情页设计得好坏，宝贝图片处理得是否美观、合适，会直接影响到商品的销售。

此外，网店在进行营销推广时，还要进行促销海报（banner）的设计和制作，图1-9和图1-10是淘宝和京东首页首屏海报的效果图。

综上所述，网店中需要进行设计的区域非常多，而且会根据店铺活动、商品更换、季节变换，进行相应的调整。一个好的网店美工，不仅可以设计出漂亮的页面，还能根据店铺营销的需求，设计出既具有营销功能又吸引用户的作品，只有这样才能有效地吸引和留住顾客，从而实现提高销售的目的。

图 1-5

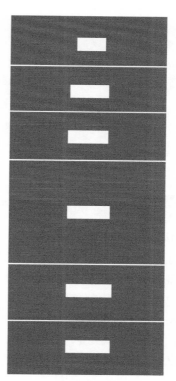

图 1-6

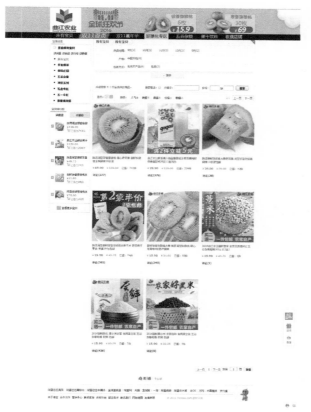

图 1-7

图 1-8

图　1-9　　　　　　　　　　　　　　图　1-10

模块二 网店风格的营销体现

网店在正式开业前和传统店铺一样都要进行装修设计，定位准确、美观大方的店铺设计，可以提升店铺的形象，吸引顾客访问，延长顾客的浏览停留时间，从而可以有效地提升商品的销售量。

现在很多电商平台的网店装修都会提供漂亮的模板方便店主选择，但是这些网店模板都有固定的风格，不能随意更换。如果不能确定自己的店铺定位，而随意选择模板的话，即使模板再漂亮，对于店铺来说，意义也不大。

比如说，售卖儿童玩具的商家，由于店主个人比较喜欢图1-11所示的页面风格，就随意进行了选择应用。但事实上，儿童玩具应属于轻松、活泼的定位，而图1-11所示的风格偏于稳重、古板，并不适合儿童玩具店铺的风格，顾客进入店铺后会觉得沉闷、压抑，购物体验自然就不会好。

图　1-11

因此，在进行店铺设计时，要根据店铺售卖的商品以及所对应的目标人群进行店铺定位，从而确定店铺的设计风格。针对不同的商品和不同的消费群体，应采用不同的风格，一般来说有以下几种：

（1）插画风格、时尚可爱、桃心、花边等风格适合女性类店铺，如图1-12所示。

（2）黑白搭配、有金属质感的设计风格更适合男性类店铺，如图1-13所示。

（3）卡通风格、插画风格也适用于童装、儿童用品店铺，如图1-14所示。

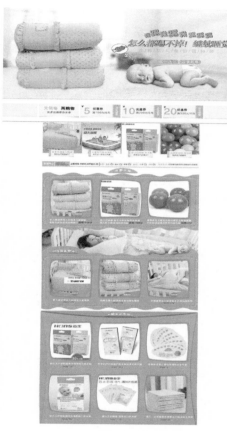

图 1-12　　　　　　图 1-13　　　　　　图 1-14

确定店铺的风格，除了要有自己的观点和想法外，还要时刻关注同行店铺的情况、新品上架，以及店铺改版等信息，要多借鉴那些销售业绩好、有独特风格的同行店铺。

模块三　网店色彩搭配的营销体现

顾客进入一个网店浏览，第一印象的视觉冲击就来自色彩，色彩能够烘托出各种各样的设计氛围，不同的色彩搭配会产生不同的效果，并可能影响到访问者的情绪。为了让顾客能怀着愉悦的心情购物，促进商品的成交量，网店设计中一定要注意色彩的搭配，除了美观外，还要将信息准确传达给顾客。

一、色彩的信息传达

色彩是店铺设计中重要的视觉表达元素，对于不同的色彩，人的视觉感受是不同的，所传达的意义也是不同的。下面分别介绍不同颜色带给人的不同的视觉感受。

1. 红色

红色是中国人最喜欢的颜色，给人一种历史悠久、文化浓郁的格调感。红色象征着热烈和喜庆，最容易引人注目，具有很强烈的视觉效果。明亮的红色代表着积极、热情、温暖，暗红色会带给人奢华的品质感。红色常用于节庆、婚庆、化妆品、女性用品、食品和服装等店铺的配色。如图1-15所示，庆祝新年，整体色调都搭配成红色，传达着新年的喜庆。

2. 橙色

橙色是暖色系中最温暖的颜色，给人朝气、活泼的感觉。甜美的橙色往往让人联想到秋日的丰收，给人富足、收获、甜蜜的感觉，所以橙色常用于食品、水果、小家电等店铺。作为一种突出色调，它很容易刺激顾客的情感，也常常用于促销海报上，以吸引顾客的注意。如图1-16所示，橙黄色底的海报，颜色醒目，容易吸引用户关注。

3. 黄色

人们通常认为阳光是黄色的，因此用黄色来表达乐观、快乐、理想主义和充满想象力，给人温暖和充满活力的感觉。明亮的黄色也象征着权利和财富，它代表着贵重与奢华。明亮的黄色非常容易吸引人的注意力，常常在页面起到突出强调的作用，常用作店铺中的促销图片或标识的背景色，如图1-17所示。淡雅的黄色能传达快乐的情绪，通常作为店铺的背景色。黄色常用于时尚家居、母婴、创意等店铺。

图 1-15

图 1-16

图 1-17

4. 绿色

绿色给人自然、健康、环保和纯净的感觉，让人觉得舒适、安逸，使人精神放松、不易疲劳。绿色的应用非常广泛，绿色本身带有健康的感觉，可以应用于食品及保健品相关的网店。绿色和白色搭配使用，可以得到自然的感觉，适合应用于与天然产品相关的网店，如农产品、天然化妆品。同时绿色可以帮助缓解眼部疲劳，在店铺设计中适度合理地使用绿色素材，能够给人清新、舒适的感觉。如图1-18所示，清新的绿色作为店铺主色，给人清新、健康的感觉。

5．蓝色

蓝色具有理智、沉稳、智慧的特质，是能够使人心绪稳定的色彩。蓝色色调越深，越能感觉梦幻和智慧，而浅蓝则偏向明亮、干净、透明。通常一些强调科技、效果类的商家都喜欢将蓝色作为配色，一些化妆品、儿童用品店铺也喜欢用干净的蓝色来做配色。如图1-19所示的化妆品店铺首页，使用海蓝色作为主色，搭配波浪形图案，给用户自然、凉爽的感觉，对于主打自然清新风的化妆品而言，效果会很不错。

图　1-18

图　1-19

6．紫色

紫色一直被认为是神秘和高贵的象征，具有神秘、高贵、优雅和奢华的气质，紫色还具有缓和、放松情绪的作用。通常用不同色调的紫色进行搭配，以营造出非常浓郁的女性化气息，常用于女性用品、保养品、首饰等店铺的配色。如图1-20所示，婚纱店铺首页颜色采用紫色作为主色调，突显了店铺婚纱的高贵、优雅，整体色调搭配给人梦幻的感觉。

7．灰色

灰色代表着实用、安全和可靠性，但给人感觉古板、缺乏活力。在网店设计中，很多店铺的品牌希望传达给顾客一种沉稳、大方的感觉，以此来迎合目标消费人群，此时，灰色就是一种很好的选择。此外要注意的是，不要用深灰色作为背景色，这会让消费者感觉暗淡，带来不好的心理感受。如图1-21所示，女装店铺首页，背景以米白色为主，首屏等推广图片采用灰色作为主色，整体感觉素雅，不会给人暗淡的感觉，而且体现了店铺的优雅、大方的格调。

图 1-20   图 1-21

8. 白色

白色给人纯洁、光明、高档和科技含量高的印象，通常都要和其他色彩搭配使用。在网店设计中，白色与暖色搭配能够传达富丽、华贵的感觉；与冷色搭配能够传达清新、明快的意境。由于白色本身干净、明快，因此，白色通常作为电子产品、女性用品和卫生产品等店铺的配色。如图1-22所示，厨房智能小家电店铺首页，整体背景色为白色，店招、欢迎模块采用蓝色，整体页面简洁、干净。

9. 黑色

黑色也是主流的颜色，给人高贵、稳重、科技含量高的感觉，常用于男性和高端品牌的店铺配色。此外，一些科技类型的店铺，也喜欢用黑色来营造一种科技、时尚、与众不同的感觉，满足年轻消费者追求独特的心理。如图1-23所示，高端的灯饰店铺首页，采用黑色作为背景色，暗金色搭配，整体搭配给顾客高档、奢华、尊贵的感觉，吸引高端人士购买。

图 1-22   图 1-23

二、网店色彩搭配原则和配色方法

（一）网店色彩搭配原则

网店设计需要通过视觉传递信息与顾客产生感性互动，通过感官的刺激获得更多的关注，因此，不同的色彩搭配会产生不同的效果，也会影响到顾客的情绪。在店铺色彩搭配的设计中要注意以下两点。

（1）整体协调：网店色彩搭配首先要考虑色彩的和谐性，多种色彩的相互搭配、协调得好坏会直接影响到页面的效果，因此在整体的色彩搭配上，要保证和谐统一。

（2）局部对比：在页面的整体色彩效果和谐统一的基础上，局部色彩可以有明显的变化和对比，以达到突出展示的目的。

如图1-24所示，首页页面整体色调是蓝色加青色，首屏欢迎模块的蓝色天空给人明快、清爽的感觉，整体页面采用青色，局部红色的人物图像造成反差，给人跃动的感觉。局部的这种反差很容易吸引顾客的注意力。因此在设计时，重要的地方都可以采用局部对比的方法，比如标注价格、促销信息的地方。

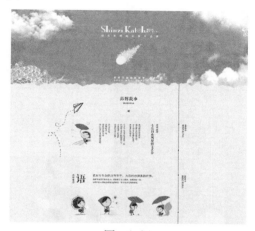

图 1-24

（二）网店页面配色方法

色彩搭配，简单来说就是将不同的颜色搭配到一起，起到一种和谐的或者有视觉冲击力的效果。下面介绍几种常见的配色方法。

1．同一色调配色

同一色调配色是以一种单一的颜色作为主色调，调整不同的明度和彩度，使颜色呈现不同色调的色彩组合。这种单一颜色的不同色调变化，给人稳定、温和的感觉，能保证页面的协调统一。但在使用中，容易产生单调的感觉，因此，应加强明度和彩度的调整。如图1-25所示，页面主体的色调是蓝色，设置了不同的明度和彩度，造成了蓝色的颜色变化，整体页面立刻活泼起来，让顾客在浏览时也会觉得舒适，不沉闷。

2．类似色调配色

类似色调配色是将色环上相连的颜色进行搭配，能表现共同的配色印象。这种配色在色相上既有共性又有变化，是很容易取得配色平衡的手法。例如：黄色、橙黄色、橙色的组合；群青色、青紫色、紫罗兰色的组合都是类似色调配色。使用类似色调进行色彩搭配，会给人甜美、温馨的感觉。如图1-26所示，太阳能店铺首页采用蓝色与青色的搭配，给人清爽、洁净、智能的感觉。

3．对比色调配色

对比色调搭配是选择色环上相反方向的对应颜色进行配色，即冷色与暖色的配色，颜色反差大，很容易产生强烈对比。例如：黄与紫、红与绿、橙与蓝等搭配。这种色彩搭配，可以产生强烈的视觉效果，给人的直观感觉是有冲击力，营造一种动感、鲜活的风格。但如果搭配不好，容易产生炫目、喧闹的不协调感。因此，在应用对比色调时，一定要保证整体色彩风格的统一，在局部运用对比色调，会产生非常好的视觉效果。如图1-27所示，页面采用对比色调搭配的首页页面，颜色鲜明，动感强烈，页面给人的视觉冲击力很强。

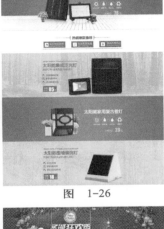

图　1-26

图　1-25

图　1-27

三、网店色彩的视觉营销

事实上，顾客浏览网店时第一个视觉冲击就是颜色，颜色通过视觉开始传播和渗透，对顾客的情绪和心理产生影响。因此，一个店铺采用的颜色搭配是否合理，是否考虑了受众人群的喜好，都会影响到店铺的浏览量和商品的销售量。

图1-28使用了暖红色进行颜色搭配，体现了结婚喜庆、欢乐、幸福的氛围，这就是考虑到了婚庆

的受众人群的心理，希望婚姻幸福、美满，因此采用中国传统的喜庆的红色来进行色彩搭配。如果不合时宜地选择灰色、黑色等颜色，则完全违背了受众的喜好，那对于店铺运营来说则是个灾难。

图　1-28

网店在开始运营后，为了提高销售业绩，往往会采用许多营销手段，耗费大量的人力和财力。但事实上，颜色营销也是一种很好的营销手段，通过运用不同的颜色方案，来吸引顾客的注意，引导顾客消费，在这个过程中，就要深入研究受众群体的颜色喜好，从而更有效地进行店铺的颜色设计。

一家售卖高档首饰的店铺，所面对的受众人群主要是有一定经济基础、成功自信的女性，因此，在网店页面中要体现出首饰的质感和华丽程度。对于像金、银等金属质感的商品搭配低彩度的颜色就是很好的选择，如图1-29所示。

对于售卖玩偶的店铺而言，所面对的受众人群是年轻的女孩，她们通常温柔、时尚，有一颗萌萌的少女心，粉色系的甜美风能瞬间打动她们。如图1-30所示。看到这样的萌宝娃娃，哪个女孩不想拥有呢？

图　1-29　　　　　　　　　　　　　图　1-30

对于针对女性售卖的高端电子产品而言，受众人群通常是富有热情、追求自我的女性，对色彩强烈的配色页面更容易产生兴趣，如图1-31所示，采用高明度的紫色系，给女性带来奢华、高贵的感觉，更有强烈的时尚气息。

图　1-31

模块四 网店设计需要注意的问题

店铺装修设计的目的在于吸引用户浏览，为网店带来更多的人气和忠实客户。因此在确定了店铺的设计风格之后，要在后期的制作过程中注意许多细节的设置，从而保证店铺的装修效果，避免顾客在店铺页面上浏览体验不佳，从而造成顾客的流失。在具体的制作过程中，一般需要注意以下几个问题。

1. 风格统一布局合理

店铺的设计风格要统一，要注意整体搭配。很多新手在装修时到处找免费的东西，七拼八凑，使整个店铺花花绿绿的，像个"2元店"一样，没有品位，不能给消费者带来踏实的感觉。

2. 协调的色彩搭配

有些卖家把店铺的色彩搞得鲜艳华丽，把页面做得五彩缤纷，但事实上太丰富的颜色会让页面显得混乱，顾客浏览后会觉得眼花、疲劳。因此店铺在色彩运用上不能太丰富，色彩搭配应保持协调统一，店铺的产品风格、图片的基本色调、公告的字体颜色最好与店铺的整体风格对应，这样设计出的整体效果和谐统一，不会让人感觉很乱。

3. 装修图片的使用

电商平台都会为商家提供存储图片的网络空间，将装修图片上传后，应用网络空间的图片进行店铺装修，会提高顾客浏览网店页面的速度。商家在装修时，尽量不要使用外部的免费存储空间，避免图片的丢失。

此外，也不应盗用其他店铺的图片，被发现后会影响店铺的信誉，也会给浏览者造成店铺不专业、弄虚做假的感觉。

电商平台对于上传的图片一般会有尺寸的要求，商家在准备图片时应提前查询相关的图片尺寸，以免后期还要重复工作，延误时间。

使用闪图要适量，闪图就是GIF格式的图像，通过动画方式显示。虽然闪图会带来酷炫的效果，但会影响网页打开的速度。当卖家计算机配置不好或网速差时，计算机运行会变慢，顾客往往等不到网页打开就会失去浏览的兴趣。

4. 添加背景音乐

电商平台提供在店铺背景中添加音乐的功能。在实际应用中，如果用户不开音响，这个音乐的功能就没有价值，还会占用网络传输的带宽，影响网页打开的速度。此外，顾客可能会在不同的场合浏览店铺。当在一个不适合出现声音的地方，店铺的音乐声突然传出，就会给顾客带来麻烦，因而一个不好的印象就产生了。因此，在店铺中是否要添加背景音乐，一定要考虑清楚。

5. 注重用户体验

一个设计合理的店铺，除了风格独特、颜色协调外，在用户的浏览过程中也应该是一目了然的，分类、搜索、客服、促销等都应该有条理地放置，让用户能够迅速找到自己需要的商品或服务，只有这样，才能长期地留住客户。

基于营销的商品拍摄和图片美化

　　在电商发展如火如荼的今天，网店的竞争日益激烈，为了抢夺市场，吸引消费者的关注，越来越多的商家开始注重网店页面的装修设计。而网店页面在进行装修设计之前，首先需要准备大量的图片素材，这些素材包括拍摄好的商品图片以及修饰页面的图片素材。因此，需要拍摄出优秀、适用的商品图片，并通过后期的图形图像编辑软件对素材进行设计美化，从而制作出独具风格、引人注目的网店页面。

学习目标

1. 掌握商品拍摄技巧，能够根据商品特点，搭建合适的拍摄环境并布置灯光。

2. 掌握图片大小与格式的调整、颜色校正、瑕疵修复的操作，能够使用相关的工具和命令完成商品照片的处理。

3. 能够使用选框工具选取需要的图片区域。

4. 能够使用不同的方法给图片添加边框，能够独立制作倒影效果和闪图。

模块一 基于营销的商品拍摄

图片是一个网店的灵魂。在网络购物这个虚拟平台之上，顾客不能看到商品的实物，只能通过图片来了解商品的基本信息，图片拍摄得好坏，能否完美地表现出商品的特色，都会影响到顾客对商品的直观感受。在网店进行装修，以及商品上架之前，往往需要拍摄大量的商品图片。

一、了解网店图片的需求

网店的商品图片往往没有很高的美学要求，但要能准确地传达出商品的特质，比如：质地、颜色、分量等。因此在商品拍摄时，通过恰当的构图、合理的布光，使得拍摄出的商品能够给买家真实又赏心悦目的感觉。网店商品图片拍摄的基本要求是将商品的形、色、质充分表现出来，而又不失真。

图 2-1

（1）"形"：形是指商品的形态、造型特征。拍摄时要注意角度的选择，要真实展示商品的形态特征，不能失真。此外，某些在尺寸上容易让顾客产生误会的商品，需要通过增加参照物（手机、IPAD）进行拍摄，以便顾客更直观地了解商品的尺寸信息。如图2-1所示，三种不同尺寸的商品摆放在一起拍摄，让顾客可以直观了解不同尺寸的长度差异。

（2）"色"：色是指商品的色彩。很多商品在拍摄时容易产生色彩失真，而颜色往往又是顾客选择商品首先要考虑的因素。因此，在拍摄商品图片时，可以选择反差较大的背景色，同时做好布光，以避免商品颜色的失真。如图2-2所示商品图片，拍摄时布光较好，商品色差小。

图 2-2

（3）"质"：质是指商品的质感、质地。网店的商品拍摄对于质的要求非常高，商品图片必须清晰、真实，尤其细微处，拍摄时要突出商品的纹理，更准确地展现商品的特质。因此在质的体现上，要采用恰如其分的布光，用好微距功能。如图2-3所示皮包的表面纹理拍摄，采用微距功能进行拍摄，皮包表面的光泽、图案、纹理表现得都非常清晰。

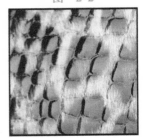

图 2-3

二、商品的拍摄环境与布光

（一）商品的拍摄环境

1.小件商品的拍摄环境

小件商品适合在单纯的环境空间里进行拍摄，由于这类商品本身体积就很小，因此在拍摄时也不必占用很大的空间。如图2-4所示的微型摄影棚就能有效地解决小件商品的拍摄环境问题，免去了布景的麻烦，还能拍摄出漂亮的、主体突出的商品照片。如果没有准备摄影棚的话，尽

图 2-4

量使用白色或者纯色的背景，如白纸和颜色单纯、干净的桌面等。

2. 大件商品的拍摄环境

拍摄大件商品可以选在一个空旷的场地，室内室外都可以，在室内拍摄时要尽量选择整洁和单色的背景，照片里不宜出现其他不相关的物体和内容，除非是为了衬托商品而使用的参照物或配饰。

如图2-5所示的是室内拍摄行李箱的环境布置，室内拍摄对拍摄场地面积、背景布置、灯光环境等都有一定的要求，准备好这样的拍摄条件才能拍出具有专业感的照片。

图　2-5

外景拍摄主要是选择风景优美的环境来作为背景，采用自然光加反光板补光的方式进行拍摄，这样拍摄出的照片风格感更加明显，比较容易形成独有的个性特色，利于营造商业化的购物氛围。

（二）商品拍摄时的光线调节

拍摄照片时的光线很重要，太亮、太暗和反光都会影响照片的质量。想要得到曝光正确的照片，要使用灯光器材、摄影棚、反光伞参与辅助拍摄。

1. 利用摄影棚调节光线

专业的柔光摄影棚是在室内拍摄商品最常用到的工具，如果所拍摄的商品对颜色要求很高，那就一定要用摄影棚。如果要拍摄的商品体积不大，可以买一个简易的摄影棚，淘宝网上的售价并不高。但在选择时，尽量选择有品牌保证的，因为柔光布的好坏直接影响到图片拍出的效果。如图2-6所示为两种简易微型摄影棚。

图　2-6

2. 利用反光伞/反光板调节曝光

反光伞和反光板的作用都是配合光线调节曝光的。反光伞通常是配合闪光灯使用的，它的作用是把闪光灯闪出的硬光变成柔和的漫射光。反光伞的外形和雨伞差不多，但伞的内面贴的是高度反光材料。反光伞的样式如图2-7所示。

反光板在室外拍摄时很有用，因为很多时候外景都是逆光拍摄的，但逆光拍摄时模特的正面会有很暗的阴影，这时候用反光板补光可以减少阴影。反光板通常是一块轻巧的圆形或方形的平板，一面贴有高度反光材料，如图2-8所示。

图　2-7

图　2-8

三、商品拍摄的营销体现

网店的商品主要是通过商品的图片来传达信息给顾客，顾客看不到真实的商品，只能通过图片来感受商品的颜色、质地、尺寸、分量等信息。因此，商品图片拍摄的好坏，是否注重展示了商品的细节，描述的商品信息是否真实，都会影响到顾客对商品的直观感受，从而影响顾客的购买决策。因此，在店铺的实际营销过程中，注意商品拍摄的几个关键问题，会对商品的销售产生重要的作用。

1．完整表达商品的形、色、质

在商品的拍摄过程中，尽量真实展现商品的形态和颜色，如果颜色不能完全真实体现，就需要通过后期修图，尽可能地还原。很多商品的颜色对于用户的选择是很重要的，如果商品图片的颜色严重失真，当顾客购买商品后，会产生失望心理，从而失去再次购物的兴趣。如图2-9所示，拍摄灯光没有布好，颜色有些偏色；如图2-10所示，调整布光后，拍出真实颜色的商品图片。

图 2-9　　　　　　　　　　　　　　图 2-10

2．尺寸信息传达准确

某些顾客对商品尺寸比较敏感，这就需要在拍摄时增加参照物，以保证顾客能够准确地获取商品的尺寸信息，从而快速地进行购买决策。如图2-11所示女士的手拿包，顾客往往需要知道包的尺寸大小能否满足其需求，因此使用iPhone手机来做参照物，让用户一目了然。由此可见，参照物应选取尺寸标准的产品来充当。

图 2-11

3．大量拍摄商品的细节图片

拍摄商品的细节图片，尽可能让顾客了解商品多方面的信息。网络购物的缺点就是不能看到实际的商品，顾客在选购时，只能通过图片来了解商品的多方面信息。因此，需要通过不同的角度拍摄商品，力求展示出商品更多的细节，以打动消费者。如图2-12所示，展示了包的内部、五金件的质感、腕带、拉链等不同部位，让顾客对商品的品质有了很好的了解，对商品会更有兴趣，增强了购买的意愿。

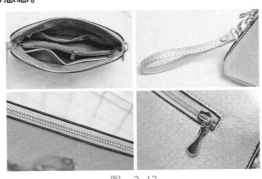

图 2-12

模块二 图片的修复与美化

　　顾客浏览网店时会发现，吸引人的网店都设计得非常漂亮，结构合理，图片美观，商品的展示图片也经过了修饰和美化。由此可知，商品图片拍摄完成后一般不会直接应用于网店，还需要进行后期的图片处理、修饰、美化。

　　Photoshop图片处理软件是专门用于对图片进行处理和美化的，它的功能非常强大，在网店的装修设计中经常会用到，下面我们介绍一些常用的技能。（本书应用的Photoshop版本为CS6）

一、图片大小与格式的调整

　　通过收集和拍摄，我们会拥有大量的图片，但这些图片通常不能直接应用于网店。电商平台为了对网店进行规范化管理，以及提高网店的浏览速度，对网店中各个区域的图片大小都有相应的规范，只有符合规定的图片才能显示在页面中。因此，我们首先要了解自己网店所在电商平台对于图片的大小以及格式的要求，并以此为标准对需要上传的图片进行调整。

　　1．图片大小的调整

　　在电商平台的店铺装修中，上传商品图片或使用装修图片时，通常都会对图片的尺寸有专门的规定，因此需要对商品图片的大小进行修改。

　　在Photoshop软件中打开需要更改大小的图片，如图2-13所示，尺寸需要调整为宽度750像素，分辨率120像素。执行"图像"—"图像大小"命令，如图2-14所示，即打开"图像大小"对话框，如图2-15所示，通过调整宽度、高度的像素值和分辨率来调整图片的大小，设置时需要勾选"缩放样式""约束比例"选项，保证图片不会变形。修改完成的图片如图2-16所示，可以看到图片尺寸已经比原图有所缩小。

图　2-13

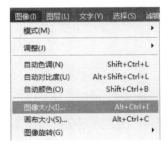

图　2-14

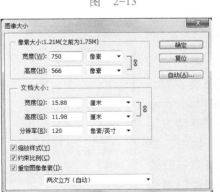

图　2-15

图　2-16

2．图片裁剪

在实际应用中，可能只需要图片中的部分图像或去除图片中多余的部分，这就需要通过裁剪功能来实现。如图2-17所示，图片上方的留白比较大，需要去除。具体操作步骤是：

（1）选择工具箱中的"裁剪工具"，如图2-18所示；此时，在图片的四边出现小横条，鼠标移动到小横条附近时，即出现上下箭头，按住鼠标即可拖动边框移动，亮区是保留的区域，暗区是要裁剪掉的区域，如图2-19所示。

图　2-17

图　2-18

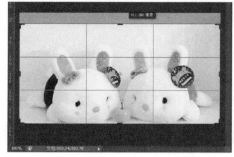

图　2-19

（2）在图片中用鼠标拖动四边，选择好裁剪区域，执行"图像"—"裁剪"命令，如图2-20所示，或单击属性栏上的"√"选项，或在键盘上单击<Enter>键，都可执行裁剪操作，裁剪后的图片如图2-21所示。

图像(I)　图层(L)　文字(Y)　选择(S)　滤镜
模式(M) ▶
调整(J) ▶
自动色调(N)　　　　　Shift+Ctrl+L
自动对比度(U)　　Alt+Shift+Ctrl+L
自动颜色(O)　　　　　Shift+Ctrl+B
图像大小(I)...　　　　　Alt+Ctrl+I
画布大小(S)...　　　　　Alt+Ctrl+C
图像旋转(G) ▶
裁剪(P)
裁切(R)...

图　2-20

图　2-21

剪裁技巧：选取裁剪区域时，按住<Shift>键不放，同时用鼠标选区，可以得到正方形的裁剪区域。

3．图片格式的调整

在网店装修中使用的图片，对格式是有严格要求的，不符合要求的图片是无法上传到网店使用的。在Photoshop中可以对图片格式进行更改，执行"文件"—"存储为"命令，如图2-22所示，打开"存储为"对话框，如图2-23所示，在"格式"下拉列表中有多种图片格式可以进行选择，选择需要的格式，再单击"保存"按钮，即可以得到所需格式的图片。

文件(F)　编辑(E)　图像(E)　图层(L)　文字(Y)　选择
新建(N)...　　　　　　　　　　　Ctrl+N
打开(O)...　　　　　　　　　　　Ctrl+O
在 Bridge 中浏览(B)...　　　Alt+Ctrl+O
在 Mini Bridge 中浏览(G)...
打开为...　　　　　　　Alt+Shift+Ctrl+O
打开为智能对象...
最近打开文件(T) ▶
关闭(C)　　　　　　　　　　　　Ctrl+W
关闭全部　　　　　　　　　　Alt+Ctrl+W
关闭并转到 Bridge...　　　Shift+Ctrl+W
存储(S)　　　　　　　　　　　　Ctrl+S
存储为(A)...　　　　　　　　Shift+Ctrl+S
签入(I)...

图　2-22

图　2-23

　　下面简单介绍一下淘宝图片的尺寸及格式要求，给大家一个比较直观的感受，见表2-1。（注：电商平台的更新较快，在图片处理的具体操作中，还应关注电商平台给出的最新数据）。

表　2-1

图　　片	尺寸/像素	文件大小/KB	图 片 格 式
店标	80×80	大小为80	GIF、JPG、JPEG、PNG
店招	950×120	不限	GIF、JPG、JPEG、PNG
导航背景	950×32	不限	GIF、JPG、JPEG、PNG
轮播图片	通栏宽度950 右侧栏宽度750	无明确规定 建议小于300	GIF、JPG、JPEG、PNG
商品主图	800×800 至1200×1200	小于500	JPG、JPEG
旺旺头像	120×120	小于300	GIF、JPG、JPEG、PNG
分类图片	宽度小于160	建议小于50	GIF、JPG、JPEG、PNG

二、图片亮度和色彩的调整

　　在拍摄商品图片的过程中会受到光线等周围环境的影响，使得拍出来的图片出现偏色、曝光不足或过曝等情况，这就需要对图片进行后期的校正处理，使得图片中的商品效果能无限接近真实商品。

（一）图片亮度的调整

当图片曝光不足时，会影响图片中图像的层次感，而且会导致颜色失真。在Photoshop中可以通过调整图片的亮度和增强暗调的方法让图像的曝光趋于正常，常用的方法是采用"亮度/对比度""色阶""曲线"命令来实现，这三个命令都可以通过菜单进行选取，也可以在"调整"面板中选择对应的命令进行设置，下面我们采用菜单命令进行讲解。

1．亮度/对比度

"亮度/对比度"命令可以对图片的明暗度进行调整，在图片调整中很常用。该命令会对图片中的所有像素进行相同程序的调整，因此容易导致图像中的细节损失，在使用时要防止过度调整图片。

如图2-24所示皮包细节拉链的拍摄图片，包体的整体颜色暗沉，质感不太好，拉链部位的颜色略显陈旧。我们使用"亮度/对比度"命令来进行修正。执行"图像"—"调整"—"亮度/对比度"命令，即打开"亮度/对比度"调整窗口，如图2-25所示。拖动三角图标，调整亮度、对比度，随时查看预览效果，得到满意效果后即单击"确定"按钮。调整后的效果如图2-26所示，整个图片亮度增加，体现出包的纹路质感，拉链也突显了明亮、光滑的金属质感，比原图的效果好很多。

图 2-24　　　　　　图 2-25　　　　　　图 2-26

2．色阶

"色阶"是通过调整图片中的像素分布来调整画面的曝光和层次，即指从暗（最暗处为黑色）到亮（最亮处为白色）像素的分布状况。

如图2-27所示女童礼服裙的拍摄图片，画面曝光不足，礼服裙颜色晦暗。执行"图像"—"调整"—"色阶"命令，即打开"色阶"调整窗口，如图2-28所示，可以看到图中的高光、暗部和中间调区域，拖动黑、白、灰三角图标，即可调整色阶，随时查看预览效果，满意后单击"确定"按钮，得到的图片效果如图2-29所示，礼服裙颜色白皙、亮泽，画面干净。

图 2-27

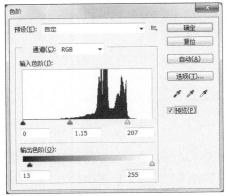

图 2-28　　　　　　图 2-29

色阶调整方法说明：

（1）在"色阶"对话框里，涵盖了所打开的图像的全部色彩信息，这些信息按亮暗分布在直方图当中。其中，黑色小三角表示暗部区域，白色小三角表示亮部区域，而灰色小三角则表示灰部区域。

（2）拖动这些小三角可以调节色阶，一般把黑、白小三角放在有色彩信息的两头即可，而灰色小三角的拖动又可以改变亮暗关系，拖动灰色小三角向白色小三角靠拢将变暗；拖动灰色小三角向黑色小三角靠拢则变亮。

（3）通过吸管来调色叫作"定场"。黑色头的吸管定黑场（用吸管吸画面中最黑的地方）；白色头的吸管定白场（用吸管吸画面中最白的地方）；灰色头的吸管定灰场（用吸管吸画面中"中性灰"的地方）。

3．曲线

"曲线"也是调整图片明暗的一种常用方法，如图2-30所示，图片色彩过于沉重，没有体现出首饰珠子颜色的红润感。执行"图像"—"调整"—"曲线"命令，即打开"曲线"调整窗口，如图2-31所示，可以控制曲线中任意一点的位置调整，它可以在较小的范围内调整图像的明暗，通过"预览"查看调整后图片的效果，满意后单击"确定"按钮，即得到接近真实效果的图片，如图2-32所示，珠子颜色红润，光泽度好，更容易吸引顾客。

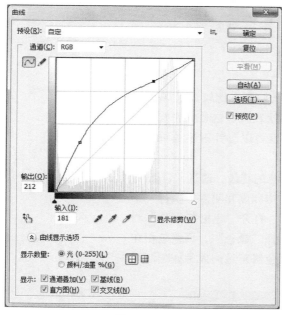

图　2-30

图　2-32

图　2-31

曲线调整方法说明：

（1）曲线的调节方法是上弦变亮，下弦变暗；通过打点方式可以在曲线上选择一段进行单独调节，这一段用来界定画面的亮部、灰部或暗部。

（2）在这里同样可以使用吸管工具，与色阶的用法相同。

（二）图片色彩的调整

由于拍摄时的光线和白平衡的影响，有时候拍摄出来的图片会出现颜色失真、偏色的情况，因此后期处理时的色彩调整就非常重要，它能保证商品以真实的形象展现在顾客面前。常用的色彩校正方法有"色彩平衡""色相/饱和度"处理等。

1. 色彩平衡

通过对图像的色彩平衡处理，可以校正图像偏色、过饱和或饱和度不足的情况。它在色调平衡选项中将图像笼统地分为暗调、中间调和高光三个色调，每个色调可以进行独立的色彩调整，通过添加过渡色调的相反色来平衡画面的色彩。

如图2-33所示女装上衣的图片由于拍摄时光线的问题，造成颜色发黄，执行"图像"—"调整"—"色彩平衡"命令，打开"色彩平衡"对话框，如图2-34所示，拖动三角图标调整色调的色值，预览效果达到合适的颜色，颜色修正过的效果如图2-35所示。

图　2-33

图　2-35

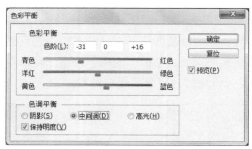

图　2-34

2. 色相/饱和度

当拍摄的商品图片颜色失真时，比如原来比较浓的颜色显得比较淡，而原本比较淡的颜色却显得比较浓，这时就需要对图片的色相/饱和度进行调整。色相/饱和度可以有针对性地对特定颜色的色相、饱和度和明度进行调整。

如图2-36所示的女衬衫，上面有绿色的花纹，通过"色相/饱和度"调整，可以只设置绿色的色相、饱和度和明度。执行"图像"—"调整"—"色相/饱和度"命令，打开"色相/饱和度"对话框，如图2-37所示，在颜色通道中选择"绿色"，调整色相和饱和度，预览效果达到合适的颜色，颜色修正过的效果如图2-38所示。

图　2-36

图　2-37

图　2-38

色相/饱和度使用说明：

（1）打开"色相/饱和度"对话框，可以看到里面的颜色通道，选择里面的色彩，可以调节显示颜色（包含六种原色），选择全图，可以调整全图的色彩。

（2）可以用吸管来定义要调整的颜色，这时在对话框下边的颜色条里就会出现选择的色彩范围，并出现容差范围，它们也是可以调节的。

三、图片瑕疵的修复

商品图片的拍摄过程中，由于环境的影响，除了颜色和亮度可能会出现误差外，图片也可能会出现一些瑕疵，比如污点、杂色、细纹、斑点等。这些可以通过Photoshop的修复工具进行修复和美化。这些修复工具的工作原理基本一致，就是将需要修复位置的像素信息，用周围或者其他位置的像素信息来替代，从而实现图片的修复。常用的修复工具有修复画笔工具、修补工具以及仿制图章工具等。下面分别予以介绍。

1. 修复画笔工具

在Photoshop工具箱里的"修复画笔工具"上单击右键，即弹出右键菜单的修复画笔工具选项，如图2-39所示，比较常用的就是"修复画笔工具""污点修复画笔工具"和"修补工具"，用于图片瑕疵的修复美化。

"修复画笔工具"和"污点修复画笔工具"的使用说明如下。

图　2-39

（1）"修复画笔工具"需要先定义取样点，利用图像或图案中的样本像素进行绘画修复，它可以将样本像素的纹理、光照、透明度和阴影与所修复的像素进行匹配，利用修复画笔工具修复的效果更自然。

（2）"污点修复画笔工具"不需要定义取样点，只要确定好图片要修复的位置，就会在确定的修复位置边缘自动寻找相似的像素进行匹配，可以使修复位置很自然地融入图片中。

如图2-40所示人脸图片，面部有一个黑点需要进行清除修复，我们可以应用"污点修复画笔工具"。根据污点的大小，在属性栏里设置画笔的大小为29，选择类型为"内容识别"，如图2-41所示。将鼠标移至污点处，如图2-42所示，单击鼠标，污点就被画笔周围的匹配像素给取代了，效果如图2-43所示，处理过的皮肤看起来很自然、干净，与周围皮肤无色差，修复得非常好。

图　2-41

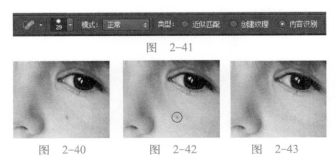

图　2-40　　　　图　2-42　　　　图　2-43

2. 修补工具

使用修补工具，可以将选区内的像素用其他区域或图案中的像素来修复，它和画笔修复工具一样，可以将样本像素的纹理、光照、透明度与所修复的像素进行匹配。使用时选择需要修复的选区，然后拉取需要修复的选区，将其拖动到附近完好的区域方可实现修补。

修补工具的用处非常多，也常用于修复模特面部的细纹，如图2-44所示的人脸图案，眼下有轻微的线痕，通过修补工具即可进行修补。

在工具箱里单击修补工具，按住鼠标勾勒出需要修复的区域，形成一个闭环，如图2-45所示；单击选区并拖曳选区到合适的位置，如图2-46所示，在移动的过程中，可以看到移动选区内的图案在变化，移动到颜色相近、图案平整的位置即可松开鼠标，则选中区域修复完成，如图2-47所示，此时眼周皮肤平整、无细纹。

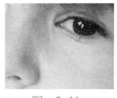  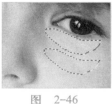 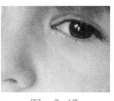

图　2-44　　　　　图　2-45　　　　　图　2-46　　　　　图　2-47

3．仿制图章工具

仿制图章工具可以复制图像中的一部分内容，绘制到图像的另一部分，也可以将一个图层的一部分绘制到另一个图层，仿制图章工具对于修复图像中的瑕疵非常有帮助。

在使用仿制图章工具时，首先需要确定一个仿制源，这个仿制源应该与图像中需要修复的地方非常接近，然后用仿制源的图像来进行修复。

如图2-48所示皮包图片，通常在拍摄皮包图片时，为了保证皮包提手的挺立，往往会用挂钩将皮包的提手拉起，在后期的图片处理过程中再将这个挂钩去除掉。此时可以使用仿制图章工具来进行操作。具体操作过程如下。

图　2-48

（1）在工具箱里选择"仿制图章工具"。

（2）确定仿制源，如图2-49所示，按住<Alt>键的同时单击鼠标，则仿制源选择成功。

（3）移动鼠标到需要修复的图像处，按住鼠标在图像处移动，如图2-50所示。

（4）由于需要修复的地方图像需求不一样，可以多次选择仿制源，一处一处地修复图像，直到图像修复完成，如图2-51所示。

图　2-49　　　　　　图　2-50　　　　　　图　2-51

四、细节图片的获取

在装修店铺或设计商品详情页面时，有时候只会用到图片中某一部分的图像，这时候就需要用Photoshop的抠图工具，对图像进行抠取，获得需要的部分图像。Photoshop中抠取图像的工具有很多，根据所需图像的形状和要求，采用不同的方法。常用的抠图工具有选框工具、套索工具和魔术棒工具等。

1. 用选框工具获取商品细节图片

在设计宝贝详情页面时，通常会展示宝贝的细节图片，这些细节图片可以通过选框工具来获取，Photoshop提供的选框工具有四种，如图2-52所示，在应用选框工具时，按住鼠标左键，在画布中拖动，可以创建相应选框工具形状的选区，然后可以对选区的内容进行复制、剪切、填充等操作。

图 2-52

如图2-53所示钱包的图片，需要截取商标细节图片，并与钱包主图拼合在一起进行展示，着重体现商品的品牌。这里可以采用选框工具进行图片的截取，具体的操作步骤如下。

（1）选中钱包主图所在的图层，在工具箱里选取"椭圆选框工具"。

（2）按住<Shift>键，同时单击鼠标左键进行拖动，可以绘制出正圆形，圆形大小合适后松开鼠标左键，此后，可以移动选区调整所选细节图像的位置，如图2-54所示。

（3）使用快捷键<Ctrl+C>和<Ctrl+V>，复制并粘贴选区图像，创建一个新的图层，或在画布上单击鼠标右键，在弹出的右键菜单中选择"通过拷贝的图层"也可以创建选区图像的新图层。

（4）选择复制图像的新图层，在工具箱里选择"移动工具"，并勾选属性栏里的"显示变换控件"选项，移动图像到合适的位置，并对图像进行放大，如图2-55所示。

（5）选择"编辑"—"描边"命令，即打开"描边"对话框，设置描边的宽度、颜色、位置、混合等数据，即可对细节图片进行描边美化，效果如图2-56所示。

图 2-53 　　图 2-54 　　图 2-55 　　图 2-56

2. 用魔棒工具抠取图像制作商品海报

当商品图片的背景色比较单一，并且和商品本身的颜色和亮度反差比较大时，使用魔棒工具可以快速地抠取商品图片。

皮包网店制作宣传海报，提供素材有背景图和商品照片，如图2-57所示；可以看到商品图片是单一的纯白色背景，需要美工对商品图片进行抠图处理，并与背景图进行合并，制作出一个简单的海报。

图 2-57

具体的步骤如下。

（1）在Photoshop中打开背景图和商品图片。

（2）进入皮带图片界面，在工具箱中选择"魔棒工具"，在画布上单击白色部分，则可以看到白色部分组成一个大的选区，由于皮带有阴影，还需要增加阴影部分的选区，按住<Shift>键，单击鼠标可以增加选区，按住<Alt>键，单击鼠标可以减少选区；通过多次选取，皮带周围的部分都被选中，此时整个画布只有皮带不在选区中，如图2-58所示。

图　2-58

（3）在画布上单击鼠标右键，在右键菜单中选择"选择反向"，则选区就变成了皮带的图像区域，如图2-59所示。

图　2-59

（4）使用快捷键<Ctrl+C>复制选区，进入背景图界面，使用快捷键<Ctrl+V>粘贴选区，在背景图文件中创建一个新的皮带图层，选中新图层，在工具栏中选择"移动工具"，并勾选属性栏里的"显示变换控件"选项，移动皮带图像到合适的位置，并对图像进行缩放。

（5）进入钱包图片界面，重复之前的操作，将钱包的图片复制到背景图界面里，并进行大小调整，完成后的效果如图2-60所示。

（6）在海报的后续设计中，还可以添加文字，增加效果，如图2-61所示，完成了一个简单的海报设计。

图　2-60

图　2-61

五、页面切片及Web安全色

电商网店的页面中展示大量的图片，会影响网页的打开速度，通过Photoshop的切片功能，可以对网店图片进行切片和优化，将图片分成几个部分，使网页的传播速度大大提高。顾客浏览网页时，不同的浏览器所显示的颜色也会有差异，通过将图片存储为Web所需要的格式，可以对图片的色彩进行有效的控制。在装修网店的过程中，切片处理和Web安全色是必须掌握的技能，它对网页在网络上的传播和色彩显示能够进行有效的控制。

1. 页面切片

使用切片工具可以将图形或页面划分为若干相互紧密衔接的部分，并对每个部分应用不同的压缩和交互设置。切片使用HTML表格或CSS层将图像划分为若干较小的图像，这些图像可以在网页上重新组合成完整的图像。页面切片的作用如下。

（1）指定切分图片的网络跳转链接：通过划分图像，可以指定不同的URL链接以创建页面导航，或使用其自身的优化设置对图像的每个部分进行压缩。

（2）提高图像的下载速度：图像切割的最大好处就是提高图像的下载速度，减轻网络负担。对于网店来说，网页打开速度快，顾客在浏览时便不会急躁，不会轻易地关掉页面，更容易长时间浏览。

单击工具栏中的"切片工具"，如图2-62所示，即可用切片工具对图片进行切分，如图2-63所示。

图 2-62

图 2-63

图像切片完成后，在Photoshop中执行"文件"—"存储为Web所用格式"命令，可以导出和优化切片图像。

2．Web安全色

不同计算机的操作平台有不同的调色板，不同的浏览器也有不同的调色板，因此会出现同一个网页展示在不同的浏览器中，显示的图像颜色差异很大的现象。这种情况下，可以通过使用Web安全色对图片的色彩进行控制。

在将图片存储为Web格式时，执行"文件"—"存储为Web所用格式"命令，即打开"存储为Web所用格式"对话框，如图2-64所示，在设置网页兼容的格式之前，可以预览不同的优化设置并调整颜色调板和品质设置，对图片的色彩进行优化设置。

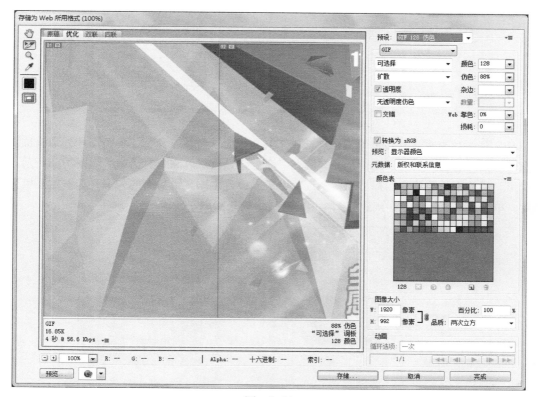

图 2-64

模块三 图片的创意设计

店铺装修中使用的商品图片除了需要进行简单的修复处理之外，还需要给图片创意美化，比如给图片添加边框，使用图层样式制作特殊效果，设计图片的倒影效果，等等。通过对图片的创意处理，可以使店铺的页面更加美观，海报效果更加引人注目。

一、图片边框的设计制作

给商品图片添加漂亮的边框，会突显商品的品质，使图片效果更加突出。下面介绍几种常用的给图片添加边框的方法。

1. 扩展画布添加边框效果

针对如图2-65所示的照相机图片，通过扩展画布可以添加纯色或图案的边框，具体操作过程如下。

（1）选择"图像"—"画布大小"命令，弹出"画布大小"对话框，如图2-66所示，设置宽度为530像素，高度为400像素，比原画布宽窄要大一些。此时可以设置扩展画布的颜色作为边框的颜色，在"画布扩展颜色"里可以选择前景色、背景色或其他颜色

图　2-65

值，根据需要进行设置，然后单击"确定"按钮，则图片添加边框效果如图2-67所示。

图　2-66

图　2-67

（2）通过填充来更换边框的颜色。选择工具箱中的"魔棒工具"，单击图片外边框位置，选取外边框为选区；执行"编辑"—"填充"命令，弹出"填充"对话框，如图2-68所示，在"使用"后的下拉菜单中选择"图案"选项，单击"自定图案"后面的列表，选取需要填充的图案，单击"确定"按钮，则边框图案填充完成，效果如图2-69所示。

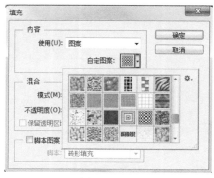

图　2-68

图　2-69

2．使用裁剪工具添加边框

用裁剪工具添加边框，可以为图片添加以背景色为边框颜色的纯色背景。使用裁剪工具后，将裁剪框调整到比画布大一些的程度，裁剪成功后，比原始画布大的图片边框范围内将会用背景色进行填充。如图2-70所示，使用裁剪工具后，调整裁剪框的大小超过画布，裁剪成功后，则用背景色填充边框区域，效果如图2-71所示，此后也可以使用魔棒工具选取边框选区，进行边框颜色的填充更换。

图　2-70　　　　　　　　　　　　　　　　图　2-71

3．"描边"图层样式添加边框

当需要突出商品本身的时候，我们可以采用给商品图片描边的方式添加边框。采用这种方法，需要先将商品图片抠取出来，复制商品图案的新图层，在图层上应用"描边"图层样式。

在Photoshop中打开商品图片，抠取图像并复制，创建新图层，选中新图层，执行"图层"—"图层样式"—"描边"命令（或在新图层上单击右键，在右键菜单中选择"混合选项"命令），弹出"图层样式"对话框，选择"描边"图层样式，如图2-72所示，可以为商品添加上纯色、渐变或图案效果的描边，设置完成后的效果如图2-73所示。

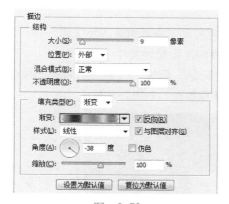

图　2-72　　　　　　　　　　　　　　　　图　2-73

二、商品倒影效果的实现

给商品增加倒影效果，可以增加商品的立体感，使商品的展示更加逼真，在实际的店铺装修中经常使用。

下面以图2-65所示照相机为例，介绍一下商品倒影效果的实现过程。

（1）抠取照相机的图像，并复制粘贴，新建一个图层。

（2）选中新图层，隐藏背景照相机图层，执行"编辑"—"变换"—"垂直翻转"命令，将新图层中的照相机垂直翻转过来。作为倒影，跟原图形相比有压扁的感觉，单击<Ctrl+T>键，使图形进入自由变换状态，进行变形操作，将照相机图像压扁一些，如图2-74所示。

（3）将图层全部显示出来，选择工具箱中的"移动工具"，将翻转的图像移动到照相机的下方，单击右侧栏下方的"添加图层蒙版"选项，给新图层添加图层蒙版，如图2-75所示。

（4）在图层面板中选中图层蒙版，在工具箱里选择"渐变工具"，在属性栏里选择渐变预设为"黑白渐变"，渐变模式为"线性渐变"，设置完成后，用鼠标在画面中拖出渐变效果，完成后的效果如图2-76所示。

图　2-74　　　　　　图　2-75　　　　　　图　2-76

三、闪图的设计制作

闪图就是GIF格式的动画图片。在网店中经常会看到以闪图的形式展示商品外形和特征的动画图片，这种形式往往更吸引人，而且又不像视频动画那样占用空间，影响网页的打开速度。

如图2-77所示的照相机正面、侧面、背面的图片，可以通过Photoshop中的工具把它制作成GIF动画图片。下面介绍具体的制作过程。

图　2-77

（1）在Photoshop中新建文件"照相机闪图"，同时打开三个照相机图片文件。

（2）在"照相机闪图"文件窗口中，将三个照相机图片添加到文件中。

（3）执行"窗口"—"时间轴"命令，打开"时间轴"面板，在面板中间的选项中选择"创建帧动画"选项，如图2-78所示，即进入帧动画制作界面，如图2-79所示。

图　2-78

图　2-79

（4）单击"时间轴"面板下方的"复制所选帧"选项，复制两个帧，如图2-80所示。

图　2-80

（5）在"时间轴"面板上选择第一帧，第一帧显示照相机的正面图片，勾选"图层"面板中照相机正面图片所对应图层前面的眼睛图标，其他图层不勾选，则该帧即显示照相机正面图片，在帧图片下方设置播放时长，如图2-81所示。

（6）按同样的方法设置其他两帧的动画参数，设置第二帧显示照相机侧面照，第三帧显示照相机背面照；面板下方的播放次数设置为"永远"，如图2-82所示，设置完成后，单击"播放动画"按钮，即可预览动画效果。

图　2-81

图　2-82

（7）动画制作完成后，执行"文件"—"存储为Web所用格式"命令，保存GIF动画。执行菜单命令后，弹出的对话框如图2-83所示，"预设"选择GIF，设置最高颜色数，单击"存储"按钮，即可以保存GIF格式的动画图片。

图　2-83

文字的设计与创意

电商网店中包含大量的文字信息，包括店招、导航、欢迎模块和宝贝详情页面等，通过文字可以更清晰准确地表达商品的信息。这些文字根据使用场景和需求的不同，采用不同的字体、字号、排版和色彩，还会采用一些创意字体来更好地体现商品的特色。

学习目标

1. 了解文字的字体、字号、间距和色彩，能够根据需要进行选择搭配。
2. 掌握文字排版的规则和技巧。
3. 能够根据商品特色和设计要求进行文字的创意设计。

模块一 文字的基本设置

一、文字的字体

在电商网站的设计制作中，为了保持整个页面的风格统一，使浏览者都能看到相同的页面展示效果，通常都会使用计算机中的基本字体。此外，还可以使用图形化的创意文字来保证页面的展示效果，但这种方式会加大页面的图片内容，增加页面的文件大小，使网页的打开速度下降，不利于浏览者的访问，因此需要控制使用。通常使用的文字字体包括中文字体和英文字体。

中文字体在计算机中的基本字体包括：宋体、黑体、微软雅黑和楷体等，其中宋体是默认字体。为了满足设计与表现的需求，现在已经有几千种计算机字体，在电商页面中选择使用字体时，也要考虑文字的表现风格及其定位。下面介绍几种常用字体的风格。

（1）黑体、雅黑字体的表现风格是优雅、简洁的，常用于主标题、风格优雅的店铺。

（2）大黑、中黑字体的表现风格是简洁、醒目、稳重，常用于正式标准的标题、风格绅士的店铺。

（3）细圆、中圆字体的表现风格是秀气、柔和的，常用于正文、海报的附加内容等。

（4）娃娃体、秀英体字体的表现风格是活泼、可爱、有趣的，常用于儿童、母婴店铺。

（5）宋体、标宋字体的表现风格是正式的，最适合网页的正文使用，或作为小标题的字体。

英文字体在计算机中常用字体包括：Times New Roman、Arial、Impact等，其中页面中默认的英文字体是Times New Roman。常用的中英文字体样式如图3-1所示。

海报 海报 海报 海报
（宋体）　（黑体）　（微软雅黑）　（华文楷体）

Page Page **Page**
（Times New Roman）　（Arial）　（Impact）

图　3-1

在一般的网页及广告设计中通常都会采用通用的字体进行排版使用，在同一页面中，字体种类最好不要超过三种。字体的种类应用得少，则页面会比较清晰、雅致；字体种类应用得多，页面则会活泼，但要注意避免杂乱感的出现。图3-2所示为电商页面文字的应用，采用了两种字体，通过不同的字号和颜色来进行对比区分。

图　3-2

文字在电商页面中应用的目的是帮助浏览者阅读理解商品信息，因此，在应用字体时尽量不要使用手写体、娃娃体等不易辨认的字体，清晰可辨是应用字体需首要考虑的。

二、文字的字号

电商网页中文字的应用分为两种类型，一类是标题性的文字，如海报中的标题、页面中的导航；一类是说明性的文字，如页面的正文、产品的介绍、海报的附加内容等。这两种类型的文字在功能上有所区别，标题性的文字需要引人注目，诱发视觉的关注；说明性的文字需要方便阅读，条理清晰。

文字的字号单位是"磅"，即point（Pt）。常用的规格有6Pt、7Pt、8Pt、9Pt、10Pt、12Pt、14Pt、18Pt、20Pt、24Pt、30Pt、36Pt、42Pt、48Pt、60Pt等。根据人眼与计算机屏幕的距离和图片美观的角度考虑，通常用18Pt以上的字号设置标题性的文字，10～16Pt的字号用于说明性文字，而小于9Pt的字号由于过小，不利于屏幕阅读，尽量避免使用。如图3-3所示首页分类介绍部分的文字字体，标题文字"绣""素ZIU"代表着品牌的特色，采用48Pt的字号突出显示，标题旁边的副标题采用18Pt的字号，其他的描述性文字采用12Pt字号。

图　3-3

三、文字的间距和行距

在页面布局中，合理地设置文字的行距和间距，可以形成空间的美感，并为阅读带来良好的体验。字间距合适，阅读起来会轻松不累；通过行距的设置，可以为文字设置段落结构，便于浏览者有重点、有主次地进行阅读。

字与字的间距和行距不能过密，否则会感觉页面文字内容过于紧凑，阅读体验不好；行距过密，还会使浏览者在阅读时出现文字串行现象。在设置标题、副标题、说明性文字时，可以设置不同的行距来进行划分，体现出主次结构和重点。图3-4所示海报文字的行距过小，画面感觉局促，阅读起来也不清晰；图3-5所示的海报，文字之间主标题、副标题、说明文字设置了合适的行距，层次分明、整齐、规则，视觉感受好，阅读起来也很清晰。

图 3-4

图 3-5

四、文字的色彩

在进行文字的设计时，往往需要根据背景色、应用的场合等方面的要求，设置醒目的、合适的文字颜色，一方面突出需要展示的内容，一方面通过颜色的搭配给用户美的视觉享受。在色彩的使用上，避免多色彩杂乱地应用，只需要通过一两种色彩来突出重要的文字内容，并与背景色保持呼应即可。如图3-6所示，整个背景的色彩比较丰富，在文字的颜色上搭配了白色和黄色，白色颜色干净，在丰富的背景色中能清晰地呈现，而又选用了比背景色更重一些的黄色，更醒目，也使得整体的色彩搭配很协调，没有应用更多的颜色，也避免了画面的杂乱。

图 3-6

由此可见，画面文字的色彩不是越多越醒目，文字颜色与背景色要有较强烈的对比，通过设置颜色在明度、纯度上的对比而产生的视觉差异也会产生很好的效果。在设计时要注重与整体颜色的协调搭配，文字的颜色不要超过三种，避免画面杂乱。

模块二 文字的排版规则

电商网站中的主要元素包括图片和文字，文字的排列组合的好坏会直接影响到版面的视觉传达效果，因此，在页面的布局中要注意文字的排版设计，提升页面文字与图案的展示效果。

一、对齐

在进行页面的文字排版时，首先要考虑的就是文字的对齐方式。文字的对齐方式包括左对齐、居中对齐和右对齐。

1. 左对齐

左对齐是将段落文字的左侧边缘对齐，如图3-7所示，这是很常用的对齐方式。左对齐排列给人一种整齐规矩的感觉，比较符合从左向右的阅读习惯，具有很强的协调感。在设计左对齐方式时，调整好文字的大小、颜色，很容易形成有序的层次感。

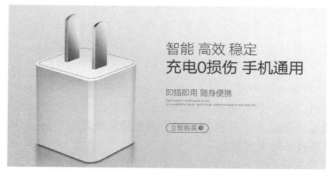

图　3-7

2. 居中对齐

居中对齐是将每行文字的中间对齐到一条垂直的线上，给人左右对称的感觉。在页面设计中，将文字居中对齐，可以将人的视线集中到中间位置，减少周围图形对文字的影响，在页面的文字布局中应用得也比较广泛。如图3-8所示，海报中的文字采用居中对齐的方式，与衬衫的左右对称形成呼应，同时，居中的方式也使文字的布局更加平衡，重点内容更加突出。

此外，在网页的设计中，往往会出现图片大而文字少的情况，采用文字的居中排列方式，会将文字内容集中显示在页面中间视线容易聚焦的位置，能够更好地引导用户浏览页面的内容，如图3-9所示。

图　3-8

图　3-9

3．右对齐

右对齐与左对齐相反，是将段落文字的右侧边缘对齐，如图3-10所示。右对齐排列将人的视觉注意力集中到文字的右侧，而在阅读开始的左侧形成波浪造型，使画面产生流动感，通过与图形的配合，可以形成比较好的视觉效果。

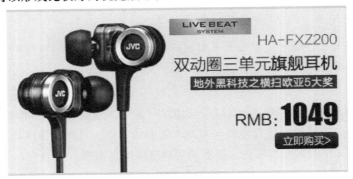

图　3-10

二、对比

1．文字的大小、粗细和色彩对比

在进行文字排版时，在一个页面或一张海报上，往往会有标题、副标题、附加内容或说明介绍性的文字，这时需要通过文字的色彩、字号等差异来将段落内容区分开来，形成鲜明的对比，从而突出页面中要展示的主要信息。

在页面中，大字号往往会给人强烈的冲击力，更容易被注意到，但通篇使用大字号却又会失去重点，因此应该合理搭配大小字号，使页面的可读性增强。

文字粗细的对比，可以使字体看起来厚重或纤细。在重点的文字上，采用粗体字，可以有效引起用户的关注。在排版中要注意使用粗体字的比例，粗体字少，细体字多，则既可以突出主体，又不至于显得画面过于强硬和厚重，平衡感较好。

在文字色彩的运用上，对于需要突出展示的文字应该使用与背景色对比强烈的颜色，并且区别于其他文字颜色。有效的色彩突出，可以在画面中形成视觉重点。

如图3-11所示商品详情页的内容文字，商品介绍使用同一字号，看起来页面很平淡，没有主体，浏览者处于自主浏览的状态，没有重点。如图3-12所示页面中，标题性的文字用了大字号，加粗显示，且使用了彩色的字体；价格字体也采用大字号，并加粗展示；这样海报中的两个重点都突出展示了，也是消费者最关注的商品的特点和价格。这样有针对性地设置，可以引导浏览者的阅读重点，并且画面的文字布局、色彩搭配都很协调，画面的层次感更强。

图　3-11

图　3-12

2．错落有致形成对比

　　页面的文字布局不用拘泥于某种格式，可以根据页面的整体风格进行设计。当页面中的文字过多时，可以根据内容进行分组，再进行错落有致的排版，使画面产生交错、挪移的感觉。这样不仅整个页面布局更有条理性，也会使画面看上去更美观，阅读体验更好。

　　如图3-13所示海报，页面的文案根据内容的不同分为两组文字，上面一组采用右对齐格式，主标题大字号中英文结合，附加内容采用小字号；下面一组采用左对齐格式；两组文字交错排开，各成体系，又相互呼应，画面的层次感很好，主次有序。

图　3-13

模块三　文字的创意设计

　　文字是电商页面和海报设计的重要元素之一，它同图形和色彩一起构成画面。在文字设计中，除了可以从字体、大小、色彩上对文字进行变化之外，还可以通过一些简单的创意设计对文字进行处理，使整个页面更具艺术感和美感。文字的创意设计是在文字结构的基础之上，通过丰富的联想和创造力，对文字的造型进行变化，从而使文字更具表现力。

一、文字的变形

　　文字的变形处理是广告中常用的一种文字表现形式，通过变形文字可以使文字或柔美，或可爱，或犀利，如图3-14所示海报上的变形文字"开学那点事儿"，体现了文字呆萌、可爱的特色；"致青春"的连笔，展示了笔触的脉络，也使字体得到了很好的延伸。在Photoshop中文字的变形处理可以通过以下三种方式实现。

图　3-14

1．Photoshop创建文字变形

用Photoshop中的文字工具（T）输入文字之后，保持文字工具状态，单击属性栏的"创建文字变形"按钮（或者在文字上单击鼠标右键），即弹出"变形文字"对话框，在对话框中可供选择的文字变形样式共有15种：扇形、下弧、上弧、拱形、凸起、贝壳、花冠、旗帜、波浪、鱼形、增加、鱼眼、膨胀、挤压和扭转。如图3-15所示，设置文字的变形样式为"旗帜"，选择好变形样式后，可以通过下方的参数调整文字的变形程度。

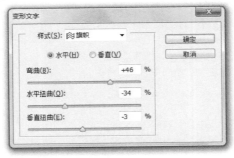

图　3-15

2．转换为形状或创建工作路径

用Photoshop中的文字工具（T）输入文字之后，在文字图层面板单击鼠标右键，选择"转换为形状"。文字转换为形状后，单击工具箱中的"直接选择工具"或者"钢笔工具"，进行文字路径的编辑修改。如图3-16所示，上方是"太妃糖"原版文字，下方的"太妃糖"则是变形文字。

太妃糖

太妃糖

图　3-16

具体操作步骤是：输入文字后，将文字图层转换为形状，然后选择工具箱中的"直接选择工具", 将 "太" 下面的点用直接选择工具选中之后删除掉, 然后复制一个太阳的图形过来, 将图形缩放后放置在文字合适的位置上; 此外, "糖" 字下方的口字, 用直接选择工具选中后, 拖动锚点设置成心形。

3. 将文字栅格化后处理

使用文字工具编辑出来的文字是矢量图, 产生的文字图层不能使用Photoshop的滤镜效果和绘画工具。为了给文字创造特殊效果, 可以将文字图层栅格化。栅格化可以将文字图层转换为正常图层, 其中的文字将成为不可编辑的文本, 但可以应用滤镜效果和绘画工具。

二、文字的装饰

在进行文字创意时, 除了可以将文字进行变形外, 还可以对文字进行装饰, 使文字的表现更加具象化, 更吸引人的注意力。对文字进行装饰, 可以在不改变文字整体形态的情况下, 给文字添加合适的装饰性的图案。如图3-17所示, 在 "开学季" 的文字上, 将 "学" 字上的一横删除掉, 换成一支铅笔图案, 通过这种装饰性的图案, 吸引相关受众的关注, 形式新颖, 更容易给消费者留下深刻的印象。如图3-18所示, 在文字上加上装饰性的蝴蝶结、星星以及手指图案, 营造活跃、萌动的感觉, 萌萌哒的感觉油然而生, 能吸引年轻人的关注。

图 3-17

图 3-18

三、文字创意设计案例

在进行文字创意设计时, 需要根据产品受众、产品特色及店铺风格进行相应的设计。本案例为一款造型水杯进行创意海报设计, 水杯的受众为年轻、追逐新颖的人群, 产品本身设计偏于可爱型, 在设计时整体的风格趋于活泼、可爱、少女风的感觉。设计效果如图3-19所示。

图 3-19

1. 文字设计思路

(1) 在开始设计字体前, 首先把自己对字体的结构和布局快速定型。根据产品的整体设计风格选择一款合适的字体, 在这个字体的基础上进行变形和修饰。

(2) 在现有的字体上, 结合主题元素进行笔画变形, 在图层样式里面加上斜面和浮雕、图案叠加、纹理和投影等效果。

（3）调整字体的颜色进行融合和统一，同时加上笔刷、底纹等装饰进行整体修饰，使设计的字体更符合整体风格和要求。

2．操作步骤

下面具体介绍一下文字创意的具体实施步骤。

（1）打开Photoshop，执行"文件"—"新建"命令，创建一个白色背景的空白文档；将图案素材拖入文档中；执行"图层"—"新建填充图形"—"纯色"命令，选择填充色为"白色"，即创建一个新的白色图层，调整不透明度为45%，即给图像增加一些朦胧感，如图3-20所示。

（2）选择工具箱中的"文字工具"，选择适当的字体，在画面合适的位置写上"可爱的它"，在图层面板的文字图层"可爱的它"上单击鼠标右键，在弹出的右键菜单中单击"转换为形状"选项，再从工具箱中选中"直接选择工具"，拖动文字的锚点，将文字进行变形处理，"爱"的三个点和"它"上面的一点都通过拖动锚点调整为心形，如图3-21所示。

图 3-20　　　　　　　　　　　　　　　　　　图 3-21

（3）在图层面板的文字图层"可爱的它"上单击鼠标右键，在弹出的右键菜单上单击"复制图层"选项，即复制一个新的文字图层"可爱的它 副本"。通过对两个文字图层做不同的效果处理再进行文字叠加，会产生很好的立体感。

（4）单击图层面板上"可爱的它"文字图层，选中图片上的文字，将文字的颜色更改为"玫红色，RGB值为（238，32，107）"。给文字添加描边，单击"图层"—"图层样式"—"描边"（或者在图层面板中右键单击"可爱的它"图层，在弹出的右键菜单中单击"混合选项"，在打开的窗口中选择"描边"选项），如图3-22所示，参数设置如下：大小"5"、位置"外部"、混合模式"正常"；填充类型—颜色—"RGB（238，32，107）"，然后将"可爱的它"文字图层栅格化，在图层面板中"可爱的它"图层上单击鼠标右键，在弹出的菜单中单击"栅格化文字"。文字效果如图3-23所示。

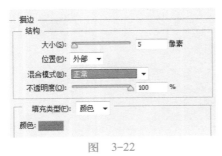

图 3-22　　　　　　　　　　　　　　　　　图 3-23

（5）单击图层面板上"可爱的它 副本"文字图层，将文字向左微移，使文字的左侧边与"可爱的它"图层文字的左侧边重合，这样右侧边就会有层次感。给文字添加描边，设置参数如下：大小"5"、位置"外部"、混合模式"正常"；填充类型—颜色—"白色"，文字效果如图3-24所示。

图 3-24

（6）选中"可爱的它"图层，添加图案素材文件，并覆盖到文字上，如图3-25所示，在图层面板中的图案素材图层上单击鼠标右键，在菜单中单击"创建剪贴蒙版"选项，则只有文字区域上会出现点点图案，如图3-26所示。

图 3-25

图 3-26

（7）选择工具箱中的"文字工具"，选择适当的字体，在画面合适的位置写上"就是萌萌哒"。给文字添加描边，单击"图层"－"图层样式"－"描边"，设置合适的描边大小、颜色；将"就是萌萌哒"文字图层栅格化；添加图案装饰在文字周围，如图3-27所示。

（8）在工具箱中选择"圆角矩形工具"，绘制长度适合的圆角矩形，并设置颜色与"可爱的它"字体为同样的粉色，然后将该"圆角矩形"图层栅格化；在工具箱中选择"文字工具"，在圆角矩形图案上写上"创意便携玻璃杯"字体，并设置字体颜色为白色。如图3-28所示。

图 3-27

图 3-28

（9）按照同样的方法，添加文字"呆萌大肚杯"字样，效果如图3-29所示。

（10）在画面上添加一些装饰性的图案，完成后的效果如图3-30所示。

图 3-29

图 3-30

电商海报设计与创意

　　电商网站中图形和文字是网店页面的主要构成元素，只通过图形来传达商品信息往往徒有其表，而文字往往具有最佳的直观传达功能以及表达的明确性，通过文字与图形的互相配合来体现主题，能够深入准确地表达商品信息。而广告海报在电商运营中无处不在，通过海报可以更好地宣传店铺及商品。

学习目标

1. 了解电商海报的设计原则。
2. 了解常见电商海报的分类。
3. 掌握海报设计的构图方法和配色技巧。

模块一　电商广告设计原则

电商广告是店铺进行产品宣传、运营推广的必要手段，出色有效的电商广告不但要求设计精美有创意，还要能够突出表现广告的主题内容，给消费者留下深刻的印象，因此，在设计电商广告时应该遵循一定的设计原则。

1.　广告主题明确

突出主题是电商广告必须遵循的原则。任何一款广告设计都必须有明确的主题，所有的广告设计元素都应该围绕主题展开。电商广告的主题一般包括减价、促销、折扣、活动等，广告的主题内容通常需要显示在视觉的焦点上，需要被放大，突出显示。

此外，在一般的广告设计中，除了主题外，通常还会有次要标题以及广告内容，在设计时，需要注意广告的层次结构，按照主次逻辑依次展开。

如图4-1所示电商广告海报，首要主题是"聚划算"活动，广告语是"惊喜等你来"。"聚划算"活动作为淘宝知名的品牌活动，本身具有很强的品牌价值，因此作为广告海报的首要主题，在处理上将"聚划算"字号放大，突出显示，并做文字特效处理，使浏览者的注意力集中到这个主题上。"惊喜等你来"作为广告语，将文字的字体颜色与其他文字区别显示，起到了醒目的作用，虽然字号较小，也容易引起关注。但同时整体内容有层次划分，不会喧宾夺主。

图　4-1

2.　文案内容简单明了

广告海报上的每部分内容都要围绕主题展开。由于广告海报受尺寸大小的限制，文案内容要求语句清晰准确、话语简洁。简单明了的内容更容易突出表现出来，让人一目了然。

3.　明确广告的受众人群

不同的产品对应不同的受众人群，在进行广告设计时需要针对不同的人群，采用不同的设计风格。

不同年龄段人群的审美标准会有很大的不同，年轻时尚的女孩喜欢粉嫩、活泼的设计，而成熟女性更倾向于大气、时尚、奢华的设计感。因此，在设计广告时，广告的整体风格确定需要考虑产品所面对的受众人群的年龄段。

不同消费水平的人群在观看广告时所关注的重点也不一样。消费水平较低的人更倾向于注意减价、促销活动的广告；而有一定消费水平的人群，更关注时尚、健康、创新的广告内容。因此，在确定广告主题时，需要明确本次广告推广所要面对的受众人群是哪一类消费水平的人群。

如图4-2所示的广告设计风格，主题是针对5月20日开展的情侣购买活动，主要面对25岁以下的年轻男女，因此在风格设计上偏向于活泼、甜蜜的感觉，色彩运用上采用了淡雅、可爱的颜色。"520"的主题日用大字号显示，突出了广告海报的主题。

图 4-2

此外，很多产品在进行广告设计时会采用模特图片来体现产品的形态或产品的作用。如服装类商品，模特实拍的效果会让浏览者将模特的穿着效果映射到自己身上，带来直观的感觉，从而引导用户购买商品。

如图4-3所示的保健品的产品宣传海报，该产品的受众是需要保持身材、美容养颜的成年女性。因此，整体色调用玫红色，采用模特图来展示产品的效果。整体广告海报从模特到色彩，都能给消费者的心理映射出使用该产品会有好身材、好气色的感觉。

图 4-3

4．广告设计的一致性

在广告设计中，应该对广告的整体设计有一个清晰的、完整的思路。整体广告海报的设计中使用到的素材、背景、文字等元素，从颜色搭配到布局层次，都应该保持一致性。

电商广告设计中的常见问题就是排版杂乱无章、色彩运用过多、背景过于突出、滥用字体特效，这就导致了广告海报的视觉效果不好，太过花哨反而不能突出主题。因此，在设计广告的过程中，要注意海报形式的一致性、色调的统一性以及主题的明确性。

模块二　海报的分类

在电商运营推广的过程中，无论是在店铺首页、详情页或是在宣传推广中使用的广告海报，其常用的海报类型分为三类：产品宣传海报、产品促销海报和活动宣传海报。

1．产品宣传海报

产品宣传海报通常用于宣传介绍店铺的产品或服务，其目的是快速地让消费者了解产品的类型、功能、特色，给产品增加曝光，迅速打开销路。

在设计产品宣传海报时，应该形象地展示商品，通过文案描述来突出显示产品的特色、类型，以吸引消费者关注、购买。如图4-4所示香水的产品宣传海报。

2．产品促销海报

产品促销海报用于产品的促销活动，海报的主题内容是促销信息。例如，折扣、减价、满赠都可以用于促销海报的主题内容，在海报中用突出的字体、大字号或特殊的颜色来突出展示。其目的是用促销内容来吸引消费者的关注，增加购买的力度。如图4-5所示产品促销海报，

"送图中单鞋一双"即为满赠活动的内容，采用特殊颜色显示，并将赠品也展示在海报中。

图 4-4

图 4-5

如图4-6所示产品促销海报，"秋季开学惠""满一百减五十"的促销内容都采用了大字号、特殊颜色进行展示。

图 4-6

3. 活动宣传海报

与产品宣传海报和产品促销海报不同的是，活动宣传海报通常是有特定的时间和内容的商品推广活动。例如，淘宝双11、双12，或店铺自主进行的活动推广。通常情况下，活动宣传海报都会在限定的时间内提供优惠活动，目的是吸引大量的用户关注，在短时间内产生巨大的销量。在设计活动宣传海报时，信息传达要准确完整，明确表述活动的周期、优惠，给消费者以紧迫感，促使交易达成。如图4-7所示海报即为双11活动宣传海报。

图 4-7

模块三 海报的构图及配色

在进行海报设计前，首先要明确海报的尺寸、海报的类型、产品的图片以及文案的内容，通过以上内容确定海报的主题及风格。此外，还需要考虑海报的构图方式以及色彩搭配。

一、海报的构图

在进行电商海报的构图设计时，需要考虑背景、产品图片、文案的搭配方式，常用的海报构图方式有以下几种。

1. 左右构图

左右构图是最常用的电商海报构图方式，其表现形式通常为左文右图或左图右文的构图。左文右图的构图方式是文案在海报画面的左侧，图片在画面的右边，如图4-8所示。

图 4-8

左图右文的构图方式是图片在海报画面的左边，文案在画面的右边，如图4-9所示。

图 4-9

2. 三分栏构图

三分栏构图方式通常是将海报画面分成三栏，其表现形式通常为左右文字中间图片或左右图片中间文字的构图。

左右文字中间图片的构图方式表现为，在画面的两侧栏放置文案内容，在画面的中间栏放置宣传图片，该构图方式可以更好地体现产品。如图4-10所示。

图 4-10

左右图片中间文字的构图方式表现为，在画面的两侧栏放置宣传图片，在画面的中间栏放置文案内容，这种构图方式可以更好地突出海报的主题。如图4-11所示。

图 4-11

3. 使用图片作为背景

在海报的设计中，经常会使用图片背景营造气氛，图片背景可以带来很活跃的画面感。在使用图片背景时，避免直接在图片上添加文案内容，这样会使画面显得杂乱，影响文字的阅读。可以在文字下方增加半透明的底框，既不影响整体的画面感，又可以使文字能够更清晰地展示出来。如图4-12所示。

图 4-12

4. 叠加式构图

当海报中需要展示的产品较多或产品图片尺寸较大时，受海报尺寸的局限，文案内容无法与产品图片同时排列，这时可以采用上下叠加的构图方式。将产品的图片放置于背景图片，将文案的内容叠加到产品图片上，并在文字下方添加半透明的背景框，用于突显文字内容。如图4-13所示采用的是叠加式构图。

图 4-13

5. 斜切式构图

斜切式构图的布局方式通常是将文案内容倾斜摆放，为了便于阅读，通常将文案内容向右上方倾斜，并且倾斜角度小于30°。斜切式构图的画面感更时尚、动感，需要注意文案的摆放位置，要保证画面的平衡感。如图4-14所示。

图 4-14

二、海报的配色技巧

确定好海报的构图后，接下来就要考虑海报的配色。合理的颜色搭配，会使海报有很好的视觉效果，让消费者愿意接受。下面简单介绍几种海报的配色技巧。

1．三种色彩

在进行海报配色时，要掌握海报的配色比例，海报的配色尽量避免颜色杂乱。过多地使用不同的颜色，只会使人眼花缭乱，而无法关注海报画面的重点。通常情况下，在配色的过程中尽量使用不超过3种的色彩进行搭配。其中主色（背景色及产品色）占70%的比例，辅助色（文案颜色）占25%的比例，点缀色（强调色）占5%的比例。主色将会决定画面的整体色彩基调和风格，辅助色主要用于文案的颜色，点缀色起到画龙点睛的作用。如图4-15所示，海报图片的主体色调为灰色，辅助色为黑色和红色，同时红色也是点缀色。

图 4-15

海报的设计不是颜色越多越好，简单的配色更容易掌握，而且画面简洁也更容易突出海报的主题内容。

2．通过产品图片进行配色

最简单的配色方式是通过产品图片的颜色搭配来进行海报的整体色彩搭配，这种配色方式最不容易出错，也最容易掌握，能够很好地实现画面的效果。如果产品的颜色不适合进行选取，可以采用白色或灰色这种万能色来进行配色。

如图4-16所示海报，产品的颜色为红色、白色（文字），设置海报的主色（背景色）为红色，辅助色（文案颜色）为白色，整体的色彩选取简便，但画面的时尚感、奢华感都能够完美地体现出来。

图 4-16

如图4-17所示海报，产品的颜色为淡金色、黑色，设置海报的主色（背景色）为黑色，辅助色（文案颜色）为淡金色、深棕色，整体画面都带有电子产品的金属质感、时尚感，配色既简单又完美。

图　4-17

模块四　海报制作实例

本案例是给一款保健品制作产品宣传海报，该款保健品的功能是排毒养颜，让人拥有好气色和好身材，目标受众为女性，因此整款海报的风格设定偏向于温馨甜美风，让人感觉拥有青春。如图4-18所示。

图　4-18

一、设计思路

海报构图：三分栏构图。

海报配色：产品图片颜色为玫红和白色，因此整体的海报主色（背景色）设置为淡粉色，文案颜色设置为玫红色，符合温馨、甜美、年轻的海报风格要求。

设计思路：

（1）在开始海报制作前，首先明确海报的尺寸、海报的类型、产品的图片以及文案的内容，并确定构图模式及配色方案。

（2）根据构图方式在海报上设置参考线，用于确定文案与图片的摆放位置；此后，添加产品图片和素材图片，并进行特效处理。

（3）添加文案内容，设置文字的字体和字号，对文字的颜色进行融合和统一，同时加上笔刷、底纹等装饰进行整体修饰，使设计的字体更符合整体风格和要求。

二、操作步骤

（1）根据海报尺寸要求，在Photoshop中新建文件，选择"文件"—"新建"选项，在弹出的对话框中设置海报的宽度、高度，并设置背景颜色为白色，单击"确定"按钮，即可新建一个海报文件。

（2）在海报的制作中，为了避免出现布局位置的偏差，可以使用
Photoshop中的参考线来进行定位。右键单击Photoshop软件界面中的"标
尺"，在弹出的菜单中选择"百分比"，则标尺以百分比的形式出现，再
选择"视图"—"新建参考线"选项，即弹出"新建参考线"对话框，如
图4-19所示，可以设置水平或垂直的参考线，并设置参考线的位置，这里

图 4-19

在海报上添加两条垂直参考线，分别定位在30%和70%的位置上，设置后的效果如图4-20所示。

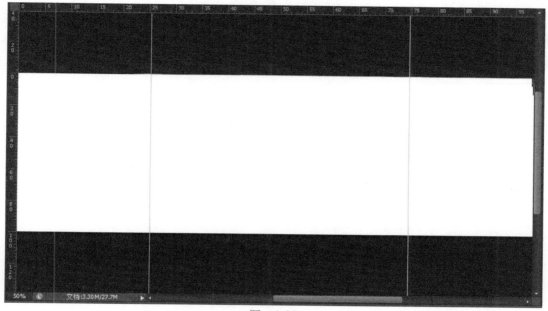

图 4-20

（3）打开准备好的背景图片素材，将背景图片拖曳到海报文件中，调整背景图片的大小，
效果如图4-21所示。

图 4-21

（4）打开图片素材文件，并将图片拖入海报文件中，放置到合适的位置，并调整大小，
如图4-22所示；选择工具箱中的"套索工具"，在素材图层上勾勒出波浪形的选区，执行"图
层"—"图层蒙版"—"显示选区"命令，创建图层蒙版，效果如图4-23所示。

图 4-22

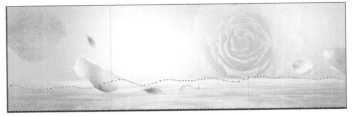

图　4-23

（5）分别执行"图层"—"新建调整图层"—"色相/饱和度"和"色彩平衡"命令，创建"色相/饱和度"调整图层，参数设置如图4-24所示；创建"色彩平衡"调整图层，参数设置如图4-25所示；调整后的效果如图4-26所示。

图　4-24

图　4-25

图　4-26

（6）打开水波素材图片，并拖曳图片到海报文件30%参考线的位置上，执行"图层"—"新建调整图层"—"色相/饱和度"命令，创建"色相/饱和度"调整图层，参数设置如图4-27所示；创建"色彩平衡"调整图层，参数设置如图4-28所示，调整后的效果如图4-29所示。

图　4-27

图　4-28

图 4-29

（7）打开产品图片，并拖曳产品图片到海报文件30%参考线的位置上，调整位置和大小；执行"图层"—"图层样式"—"投影"命令，设置参数如图4-30所示，为产品图片添加投影效果，海报效果如图4-31所示。

图 4-30

图 4-31

（8）单击工具箱中的"横排文字工具"添加文案内容，设置字体样式、颜色，效果如图4-32所示；单击工具箱中的"直线工具"，在最后一行文字的上方添加直线段，并设置颜色，起到提醒的作用，效果如图4-33所示。

图 4-32

图 4-33

（9）打开模特图片，并拖曳到海报文件70%参考线附近，调整大小后，执行"图层"—"新建调整图层"—"色彩平衡"和"亮度/对比度"命令，创建两个调整图层，调整素材图片的色彩，调整图层参数设置如图4-34、图4-35所示，调整后的效果如图4-36所示。

图 4-34　　　　　　　　　　　图 4-35

图 4-36

　　（10）打开产品内包装图片文件，拖曳两次到产品图片下方，将两个素材图片前后错开摆放，执行"图层"—"图层样式"—"投影"命令，参数设置如图4-37所示，为图片添加投影效果，海报制作完成的效果如图4-38所示。

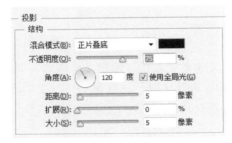

图 4-37

图 4-38

首页模块设计与制作

电商网店的首页是店铺用于宣传展示店铺、商品的最主要的页面，在整体的设计过程中要统一风格、主题突出，既能够突出店铺的特色，又能很好地展示商品。

学习目标

1. 掌握店招的设计要点，能根据店铺形象及其特色设计出有创意的店招。
2. 掌握欢迎模块的设计技巧，能够制作吸引人的电商首页首屏海报。
3. 掌握店铺收藏区和客服区的设计要点，以增强用户体验。

模块一 店招的创意设计

店招显示在店铺首页的最上方,当消费者进入店铺浏览时,首先看到的就是店招,还有下方的欢迎模块。店招就是店铺的招牌,是展示店铺的品牌、形象的主要标识。店招的设计应该是新颖、易于传播和便于记忆的,在网店的宣传推广中,好的店招会让人印象深刻。

一、店招的设计要点

店招是店铺给顾客的第一印象,代表了店铺的形象,也是店铺宣传十分重要的工具。店招可以根据店铺的形象、宣传推广的需要从多个角度进行设计。一个好的店招可以起到传达店铺经营理念、宣传店铺产品、树立品牌形象的作用。如图5-1所示店招效果图,既突出了品牌,同时也宣传推广了店铺活动。

图 5-1

1. 尺寸标准化

对于电商网店来说,通常对于店招的尺寸都有规定的标准。以淘宝网店为例,店招的尺寸应控制在950像素×150像素以内,图片格式为GIF、JPG或PNG,图片大小不能超过100KB。由于现在宽屏计算机非常普及,为了更好地展示店铺,一些网店在设计店招的宽度时超过了950像素,但最大不超过1260像素。

2. 店招设计规范

店招要便于记忆、有特色,要明确地告诉浏览者店铺的商品类型,因此在设计店招的过程中要通过图片、简短醒目的广告语等内容元素来增强店铺的认知度。店招的内容元素一般包括:店铺的名称、品牌、店标LOGO、广告语、商品图片、活动促销内容等。店招在设计时应考虑店铺的整体风格,并且与店铺的推广宣传同步,可以针对店铺的不同需求进行设计。当店铺需要强化品牌宣传时,在店招设计中就要着重体现品牌的优势和特色。设计店招时必须应用的元素包括:店标、品牌、广告语,这是品牌宣传推广最基本的内容。如图5-2所示店招设计,除了必备元素,还包括品牌优势、活动信息用于宣传推广;搜索栏、导航栏用于增强用户体验。

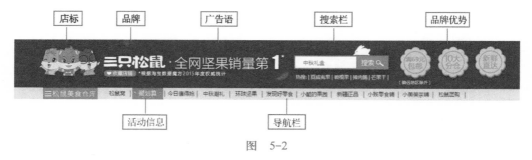

图 5-2

当店铺进行促销宣传活动时,在设计店招时首先应考虑的因素是优惠活动、促销产品等信息;其次才是店标、店铺名称、广告语等宣传为主的内容。为了便于用户体验,还需要添加收藏按钮、导航栏、搜索栏等内容，如图5-3所示。

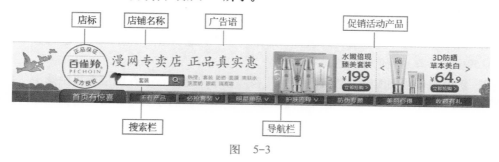

图 5-3

在进行店招设计时，不需要将所有的元素都包含到店招中，而是要根据店铺的整体风格、当前店铺的宣传推广方向以及店铺的定位进行整体考量，将必要的元素添加到店招中，再根据用户体验的需求增加辅助元素，以达到最好的效果。使店招的设计达到内容直观、画面美观、推广效果可观的程度。

3．导航的设计规范

导航是展示店铺分类的主要工具，显示在店招的下方，好的导航设计可以让浏览者方便快捷地找到需要的商品。

电商网站中的商品信息很多，浏览者在面对大量信息时往往会不知所措。这时可以将信息进行分类汇总，展示在导航栏上，帮助浏览者有针对性地浏览店铺，选择需要的类别。在设计导航栏时需要注意：导航栏的内容应该与店铺的产品内容紧密相关，需要充分展示导航与店铺商品的匹配度；导航栏的分类应清晰准确，使消费者可以得到明确的指引。

二、食品店招设计案例

本案例为四川美食店铺设计店招。四川美食给人的印象是鲜、香、麻、辣，通常都会使人联想起鲜红的辣椒，因此在设计时采用暖色调风格，带给人们愉悦、舒畅、胃口大开的感觉，让浏览者可以拥有好心情、好胃口。食品店铺店招设计如图5-4所示。

图 5-4

1．设计思路

店招配色：红色作为主色，白色作为辅助色，黄色作为点缀色。

设计思路：

（1）用红色作为主色，体现四川美食麻辣火热的特色，同时暖色调会给人温暖、舒适的感受；白色作为辅助色，用于文字颜色，白色给人干净、清新的感觉，与红色搭配对比明显，可以突显文字内容。

（2）采用艺术字体设计店铺名称，活泼、有趣，容易让人产生兴趣。

（3）在导航栏上添加与分类名称相关的图片，可增加人们的想象力，与艺术字体相呼应，整体风格更统一。

（4）添加搜索栏、收藏按钮，便利的设计让用户体验更优质。

2．操作步骤

（1）在Photoshop中新建文件，执行"文件"—"新建"命令，设置图片宽度为950像素，高度为150像素，背景颜色为白色。

（2）新建两个透明图层"背景颜色上"和"背景颜色下"。在图层面板中选中"背景颜色上"图层，单击工具箱中的"矩形选框工具"，从图片的左上角开始拖动鼠标到右边线，查看鼠标旁边显示的矩形选框的长宽值，当"W值为950像素；H值为120像素"时松开鼠标，如图5-5所示；选择工具箱中的"油漆桶工具"，设置前景色的RGB值为（255，87，66），鼠标单击选框区域填充颜色；同样的方法，在图层面板中选中"背景颜色下"图层，用矩形选框工具从右下角拖动鼠标，当"W值为950像素；H值为30像素"时松开鼠标，用油漆桶工具给选区填充颜色，设置RGB值为（130，23，13）；填充后的效果如图5-6所示，上方红色区域为店招，下方深红色区域为导航栏。

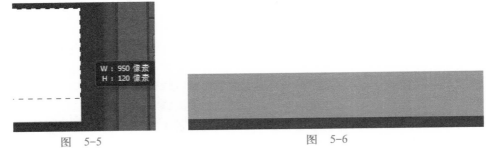

图　5-5　　　　　　　　　　　　　　　　　图　5-6

（3）执行"视图"—"新建参考线"命令，添加两条垂直参考线，分别是30%和70%的位置，通过参考线，可以比较容易地进行定位。如图5-7所示。

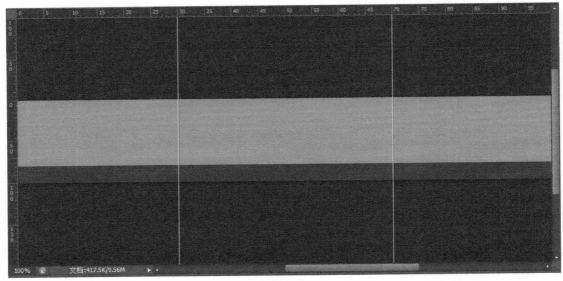

图　5-7

（4）将背景图案添加到文档中，如图5-8所示；在图层面板中双击背景图案图层，在弹出的"图层样式"对话框中选择"颜色叠加"选项，如图5-9所示，叠加颜色的RGB值为（227，80，61）；颜色叠加后的效果如图5-10所示。

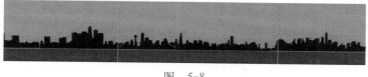

图 5-8

图 5-9

图 5-10

（5）用"横排文字工具"在画面的左侧输入"掌嘴家族"四个字，设置字体颜色为白色，一个字设置一个文字图层；在文字图层上单击鼠标右键，在弹出的菜单中选择"转换为形状"命令，在工具箱中选择"直接选择工具"，单击文字拖动锚点进行文字变形处理；"嘴"字删除掉"口"字旁，选择工具箱中的"钢笔工具"，用钢笔工具绘制路径，实现口字的变形；文字效果制作完成后，移动文字的位置，效果如图5-11所示。

（6）用"横排文字工具"在汉字下方输入"Humor Delicious"，设置颜色为白色；单击工具栏上的"创建文字变形"选项，打开"变形文字"对话框，如图5-12所示，选择变形样式为"扇形"，设置变形参数；单击工具栏上的"切换字符和段落面板"，在弹出的"字符面板"中，设置文字间距为"-10"，将文字间的距离拉近，如图5-13所示，设计完成的文字效果如图5-14所示。

图 5-11

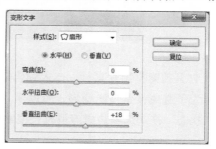

图 5-12

图 5-13

图 5-14

（7）在图层面板中将所有文字图层选中，单击鼠标右键，在菜单中选择"栅格化文字"选项，将所有文字图层栅格化，再单击鼠标右键，选择"合并图层"选项，将文字图层合并为一个图层。之后，给文字添加投影效果，执行图层面板下方的"fx"添加图层样式中的"投影"命令，在弹出的"图层样式"对话框中设置文字的投影效果，如图5-15所示，设置混合模式为"正片叠底"，颜色为"黑色"，透明度为75%，设置完成后的文字效果如图5-16所示。

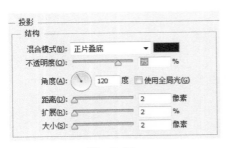

图 5-15

图 5-16

（8）用"横排文字工具"输入文字"四川美食吃起走"，选择合适的字体，设置文字颜色为白色，将文字拖动到左侧参考线附近的合适位置；用"直线工具"在左右两段文字中间画出一条垂直的线段，设置直线属性为：填充"白色"；描边"无"；粗细"1像素"；按住<Shift>键，再拖动鼠标，可以得到垂直的线段。添加文字和线段后的效果如图5-17所示。

图 5-17

（9）打开搜索框图片素材，拖入到店招文件中右侧参考线附近，如图5-18所示；搜索框长度不够，为了避免搜索按钮变形，可以用"矩形选框工具"选取文本框的部分，按<Ctrl+T>键进入变形状态，拖动选框边缘即可拉长搜索框，如图5-19所示。

图 5-18

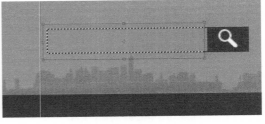

图 5-19

用"魔棒工具"选取搜索按钮上的白色搜索图标，然后复制、粘贴，创建搜索图标新图层，选中该图层，执行图层面板下方的"fx"添加图层样式中的"颜色叠加"命令，在弹出的图层样式对话框中设置颜色叠加效果，如图5-20所示，参数设置：混合模式"正常"，颜色

RGB值为（255，87，66），设置完成后的效果如图5-21所示。

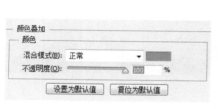

图 5-20

图 5-21

在图层面板中选中"搜索框"图层，给图层添加颜色叠加效果，参数设置：混合模式"正常"，颜色"白色"，应用后的效果如图5-22所示。

（10）用"横排文字工具"在搜索框内输入提示文字，字体"微软雅黑"，字号"14"，颜色"白色"，并调整到合适的位置，如图5-23所示。

图 5-22

图 5-23

（11）设计收藏图标。选择工具箱中的"圆角矩形工具"，在属性栏上设置参数，填充"白色"，描边"无"，半径"25像素"。用鼠标在图片中绘制一个圆角矩形，并将该形状图层栅格化，如图5-24所示；在工具箱中选择"自定义形状工具"，在工具属性栏的"形状"列表中选择"♡"形，设置颜色RGB值为（255，87，66），描边"无"；用鼠标在圆角矩形上绘制心形图案，并栅格化该图层，如图5-25所示；用"横排文字工具"在圆角矩形上书写"收藏"，设置字体"微软雅黑"，字号"16"，颜色RGB值为（255，87，66），收藏图标设计完成，如图5-26所示。

图 5-24

图 5-25

图 5-26

（12）导航栏设计。导航栏有7个分类，中间用竖线分隔；两端的两个分类宽度为150像素，中间的五个分类的宽度是130像素。用"直线工具"在导航栏上绘制一条竖线段，设置属性值：填充"RGB值为（255，87，66）"，描边"无"，粗细"1像素"。绘制完成后栅格化该图层，并复制5个同样的线段图层；用"移动工具"依次移动线段到导航栏指定的位置，横向坐标依次是"150、280、410、540、670、700"像素，完成后的效果如图5-27所示。

图 5-27

用"横向文字工具"在导航栏里依次输入各分类的名称，设置字体为"微软雅黑"，字号为"18"，颜色RGB值为（255，87，66），输入文字后的效果如图5-28所示。

图 5-28

其中的"辣"字进行了特效处理，字号为"24"，执行"图层"—"图层样式"—"描边"命令，参数设置为：大小"2像素"，位置"外部"，混合模式"正常"，颜色"黄色"，如图5-29所示。

之后，将为分类准备的对应图标素材添加到图片中，调整大小和位置后，即完成了店招的制作过程，完成效果如图5-30所示。

图 5-29

图 5-30

模块二　欢迎模块的创意设计

欢迎模块展示在店铺首页店招的下方，是消费者进入店铺首页后第一眼看到的模块。店铺商家通常会在欢迎模块中发布店铺的推广活动、新品发布以及最新动态，相当于店铺的海报。

一、欢迎模块介绍

欢迎模块位于网店的首页首屏，是店铺用于宣传推广的主要窗口，商家通常会在欢迎模块中张贴海报，告知消费者店铺的促销活动、新品推广、活动周期、店铺通知等重要内容。欢迎模块的内容会根据店铺在不同周期开展的不同活动进行调整，通常都会发布店铺最新、最重要的活动信息，是消费者了解店铺活动最主要的窗口。

如图5-31所示的天猫店铺首页中，店招的下方即是店铺的欢迎模块，是店铺进行店内推广宣传的最主要的首页模块。

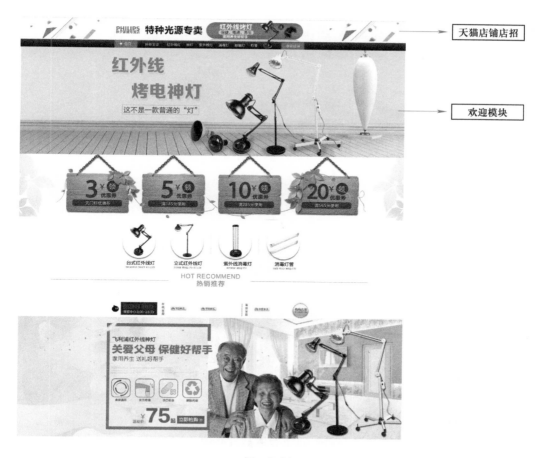

图 5-31

店铺的欢迎模块通常可以放置多个宣传图片，进行轮动播放，具体可以设置的图片数量由电商平台后台设置来决定。

在设计欢迎模块时，需要注意图片的尺寸，通常来说图片的高度在600像素或以上，而宽度则根据店铺首页的布局来决定，通常为750像素、950像素或以上。对于不同的电商平台，如淘宝、京东、天猫，其应用于店铺装修的工具不同，对于首页装修的布局和尺寸要求也是有差异的。在实际进行设计时，需要首先了解电商平台对于尺寸的要求。

欢迎模块的设计内容根据店铺需要，通常分为产品推介、活动预告、店铺动态等，不同的宣传内容，在进行设计时其侧重点也是有所区别的。如图5-32所示的产品推介，通常是店铺在推广新品或爆品时使用，在设计时应突出产品的形态特征、功能特色，文案也应突出产品本身的特质和优势，在进行配色时可以根据产品本身的颜色进行同色系搭配，这样设计出的画面色彩协调，更容易突出展示商品本身。

如图5-33所示的活动预告，需要配合店铺近期需要开展的推广活动同步推出，因此在设计时需要明确注明活动的主题、内容、活动日期等信息。同时在进行色彩搭配时，画面要求丰富多彩一些，这样会吸引用户的关注，丰富的画面内容传达给浏览者的信息是活动产品丰富、优惠力度大。

图 5-32

图 5-33

二、欢迎模块设计案例

本案例是为一款家电类商品在新年期间做新品推介的欢迎模块设计。对于新年期间的活动，在进行设计时通常都会带有节日欢庆的气氛，因此在使用色彩时应用亮色系、暖色调，给消费者带来愉悦、轻松的感受。家电类商品欢迎模块设计如图5-34所示。

图 5-34

1．设计思路

欢迎模块配色：主色为红色、黄色；辅助色为白色。

设计思路：

（1）通过红色与黄色的搭配，可以很好地烘托出节日热烈、喜悦、温暖的气氛；文案的颜色应用白色或红色，既不会使画面颜色杂乱，也能很好地突出文字。

（2）新品推介需要突出产品主体，因此应在视觉重点位置添加产品图片、功能介绍、优惠价格等相关信息。

（3）中高端的家电产品，应采用大气、规范的文字字体，从侧面体现产品高端规范的品质。

（4）针对新年的特点，在背景上添加红包、礼物等点缀性图片，给消费者带来新年发大财、收礼物的映射心理。

2．操作步骤

（1）打开Photoshop软件，新建图片文件，打开背景图片并将其拖曳到文件中，调整背景图片大小到完全覆盖背景，如图5-35所示。

（2）新建图层，用"油漆桶工具"给图层添加颜色，RGB值为（255，224，19）；用"多边形套索工具"在图层上绘制不规则图形选区，按<Shift>键的同时进行绘制可以添加新选区，如图5-36所示；使用"橡皮擦工具"在选区内擦除颜色，使选区透明，完成后的效果如图5-37所示。

（3）打开红包、礼物等素材图片，并拖曳到画面中，复制、粘贴多个图片，并调整图片的位置和大小，效果如图5-38所示。

图 5-35

图 5-36

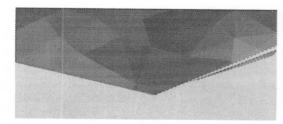

图 5-37

图 5-38

（4）打开产品图片，将图片拖曳到画面中，调整图片的位置和大小，如图5-39所示。

图 5-39

（5）使用"横排文字工具"在画面的合适位置输入主题文字"提前抢购 低价迎新"，选择合适的字体，字号"120"，颜色"白色"；在工具箱中选择"移动工具"，在属性栏上勾选"显示变换控件"选项，当文字周围出现方框时，用鼠标旋转文字，使文字倾斜；给文字添加投影特效，在图层面板上单击"fx"—"投影"，即弹出"图层样式"—"投影"对话框，如图5-40所示，设置参数：混合模式"正常"，不透明度"86%"，角度"90度"，距离"11像素"，大小"8像素"；制作完成的效果如图5-41所示。

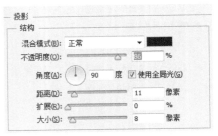

图 5-40

使用"横排文字工具"在主题文字下方输入"9月18日10点提前开抢"，字体"黑体"，字号"48"，颜色RGB值为（255，224，19）；调整文字的位置，并倾斜文字，如图5-42所示。

图 5-41

图 5-42

（6）添加星光闪烁效果。打开素材图片并将其拖曳到画面中，如图5-43所示，该图片背景为深色，星光为浅色；在图层面板中该素材图片的图层上单击鼠标右键，在弹出的菜单中选择"混合选项"，设置混合模式为"滤色"，则会在画面上增加星光效果，如图5-44所示，可以移动图片改变星光显示的位置。

图 5-43

图 5-44

（7）输入标题性文案内容。使用"横排文字工具"在画面上输入文案内容，并设置字体、字号、颜色，调整到合适的位置，文字设置如下所示。

① 600K音响，字体"微软雅黑"，字号"45"，颜色"白色"，添加投影效果。

② 次时代电视音响，字体"微软雅黑"，字号"24"，颜色"红色"。

③ 新品专享，字体"微软雅黑"，字号"20"，颜色RGB值为（236，32，66）。

④ ¥1280，字体"SYSTEM"，字号"90"，颜色RGB值为（236，32，66），添加描边特效。

⑤ 立即抢GO，字体"微软雅黑"，字号"25"，颜色"白色"；用"矩形工具"绘制长方形，属性设置：颜色RGB值为（236，32，66），描边"无"；调整大小，并放置于文字下方。

文字输入完成后的效果如图5-45所示。

图 5-45

"次时代电视音响"下方应放置产品功能特色文案内容，因此添加两条虚线段，用于划分层次。使用"横排文字工具"输入"－－"符号，实现虚线段效果，上下两条，调整好位置，如图5-46所示。

（8）输入产品功能特色文案内容。使用"横排文字工具"，在两条虚线段之间，分别输入四段文案内容，字体"微软雅黑"，字号"18"，颜色RGB值为（241，29，67），如图5-47所示。

图 5-46

（9）使用"矩形工具"绘制长方形边框包围文字，"矩形工具"属性值设置：填充"无"，描边"白色"，描边宽度"1点"；完成后的效果如图5-48所示。

图 5-47

图 5-48

（10）欢迎模块制作完成，整体查看一下，微调各部分的位置，完成后的效果如图5-49所示。

图 5-49

模块三　店铺收藏及客服区的创意设计

在店铺的运营推广过程中，店铺需要提供醒目的"收藏"标志，以方便消费者收藏自己喜欢的店铺。此外，店铺和消费者需要保持顺畅的沟通，从而了解消费者的需求，提供优质的服务，这就需要在店铺提供明确醒目的客服区域，方便消费者找到，并进行有效的沟通。

一、店铺收藏区创意设计

店铺收藏功能可以让消费者方便地将自己喜欢的店铺添加到收藏夹中，以便在需要访问的时候快速找到该店铺。在电商平台的同类店铺中，收藏数量较高的店铺，通常曝光量也会高于其他店铺，因此需要在店铺中设置收藏标识，方便用户单击收藏店铺。收藏标识应该醒目、好辨认，方便消费者单击收藏。

店铺收藏区域可以显示在店铺页面中的任何位置，可以显示在店招、导航栏上，或者页面中的其他位置。如图5-50所示，收藏区域悬浮在店招上，非常醒目、好认，而且在店铺的所有页面上都可以看到。

图　5-50

如图5-51所示店铺收藏显示在导航栏上，字体较小，但有图标提示，用户在导航中寻找分类时，也很容易发现。

图　5-51

如图5-52所示店铺收藏显示在首页左侧的列表栏上，字体醒目大方，容易引起消费者注意。

图　5-52

如图5-53所示店铺收藏显示在页面下方的导航上，导航设计新颖，颜色醒目，对于浏览完店铺的用户，可以直接单击收藏。

图 5-53

店铺收藏的目的是让用户记住店铺，提高经常访问店铺的概率，因此在设计店铺收藏标识时，以简单、大方、醒目为要点。店铺收藏在设计时通常由文字和广告语组成，搭配商品图片或素材图片，不但可以提高收藏数量，还可以有效地宣传店铺商品。

二、店铺客服区创意设计

当用户对店铺的商品感兴趣，需要进一步了解时，就需要咨询网店的客服。网店的客服与实体店的销售人员有着相同的作用——帮助用户了解店铺活动、商品折扣、产品特点等重要信息，在整个的服务过程中，帮助用户完成购买流程。因此，客服区有着非常重要的作用，用户能否在店铺中快速方便地找到客服并进行访问，是客服区设计的关键。

在电商平台上通常都会有一个常规的客服区，淘宝和京东的常规客服区都在页面的右侧，区域较小，悬停在页面上，不易被用户发现，而且设计单一。如图5-54所示是淘宝某商铺客服区，图5-55所示为京东某商铺客服区。

网店在进行店铺装修时，通常都会根据需要设计自己的客服区，让用户可以直接找到，并且根据不同方面的需求，选择不同的客服，这就是服务升级带来的优质的用户体验。默认情况下，网店的客服与商品分类相邻，如图5-56所示，客服区设计在分类的上方，分为售前客服和售后客服。

图 5-54

图 5-55

图 5-56

随着电商对消费者的了解，越来越多的电商将客服区域设计在网页的中间或底部，因为用户在从上到下浏览网页时，在对店铺有了一定了解后，客服区的及时出现会增加用户咨询的概率，从而提高网店的销售量。如图5-57所示，客服区设计在店铺首页的中间位置，在店铺促销海报的下方，当用户看到促销信息时，往往会有咨询的需求，而此时出现的客服区域，可以迅速地将需求转化。

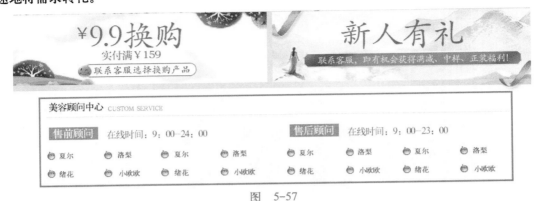

图 5-57

在对网店收藏和客服区进行设计时，往往也会将两部分结合起来，如图5-58所示。当网店有完善的售前售后服务时，用户对店铺也有了任可度，这时增加收藏区域，用户会顺手就添加了收藏。这样的设计，会对网店的收藏数量和日后的访问量产生良性影响。

图 5-58

三、店铺收藏区设计案例

本案例设计的店铺收藏区是为不锈钢水杯店铺设计的，如图5-59所示，该店铺收藏区在内容设计上展示了店铺的新品水杯，同时通过赠券活动吸引用户收藏店铺，既宣传了新品，又吸引了用户收藏店铺。

图5-59

1．设计思路

（1）在整体的设计风格上，应用了与水杯颜色相同的色系：肉粉、蓝色、黄色，搭配白色，使整体的色彩达到统一，营造一种温馨、舒适的感觉。

（2）在内容设计上主要有三部分：新品图片、赠券优惠、收藏提示。通过新品图片吸引用户关注，通过赠卷优惠让用户收藏店铺，从而实现迅速增加店铺收藏数量的目的。

2．操作步骤

（1）在Photoshop中创建一个新的文件，双击背景图层对其进行解锁，执行"图层面板"下方的"fx"—"颜色叠加"命令，为图层添加颜色叠加效果，"颜色叠加"参数设置如图5-60所示，RGB颜色值为（201，113，113），设置完成后在窗口中显示的图片效果如图5-61所示。

图　5-60　　　　　　　　　　　　　　　图　5-61

（2）将波浪素材添加到文件中，并给素材图层添加投影效果，执行"图层面板"下方的"fx"—"投影"命令，给素材添加投影效果，设置如图5-62所示，参数设置为：混合模式"正片叠底"，颜色"黑色"，不透明度"15%"，角度"90度"，距离"4像素"，大小"10像素"；设置完成后的图片效果如图5-63所示。

图　5-62　　　　　　　　　　　　　　　图　5-63

（3）将水杯的素材图片添加到文件中，将三个水杯的位置和大小调整好，在窗口中的显示效果如图5-64所示。

图　5-64

（4）使用"横排文字工具"输入"收藏有礼"，设置合适的字体，字号"40"，颜色"白色"，如图5-65所示；给文字图层添加投影特效，执行"图层面板"下方的"fx"—"投影"命令，设置如图5-66所示，参数设置为：混合模式"正片叠底"，颜色"黑色"，不透明度"60%"，角度"120度"，距离"4像素"，大小"10像素"，单击"确定"完成设置；将礼品盒图片添加到文件中，调整大小和位置，设置完成后的图片效果如图5-67所示。

（5）使用"横排文字工具"输入"收藏店铺送5元优惠券"，选择合适的字体，字号"18"，颜色RGB值为（112，174，175）；将小箭头图标添加到文字后方；使用"矩形工具"给文字添加白色底框，属性值设置：填充"白色"，描边"无"，调整边框大小到合适的长度，设置完成的效果如图5-68所示。

| 图 5-65 | 图 5-66 |

| 图 5-67 | 图 5-68 |

（6）使用"横排文字工具"输入"－无使用门槛－"，选择合适的字体，字号"18"，颜色RGB值为（255，255，102），文字全部输入完成后，调整三行文字的位置；收藏区设计完成的效果如图5-69所示。

图 5-69

四、店铺客服区设计案例

本案例是为童车店铺设计店铺客服区。该店铺客服区位于页面的中间位置，与整体页面的色彩风格一致，都是暗紫色系。整体布局清晰，客服人员分工明确，工作时间有明确说明，非常便于顾客在购物前进行咨询与购物后的售后服务。客服区的设计效果如图5-70所示。

图 5-70

1. 设计思路

（1）在整体的设计风格上，应用了与店铺首页相同的紫色系，通过不同明度与彩度的紫色系的搭配，使客服区层次结构清晰，色调统一，给用户规范、有秩序的感觉。

（2）客服区功能明确，分为售前客服、售后客服；为了使店铺具有童趣，给顾客轻松好玩的感觉，客服人员的命名都是西游记相关人物，让顾客容易接受，乐于交流。

2. 操作步骤

（1）在Photoshop中创建一个新的文件，然后新建图层，用"油漆桶工具"给新建图层添加背景颜色，RGB值为（42，2，22）；用"矩形工具"给图形文件添加边框，属性值设置为：填充"无"，描边"纯色填充，RGB值为（115，4，51）"，描边宽度"4点"，然后将矩形形状图层栅格化，设置完成后在窗口中显示的图片效果如图5-71所示。

图 5-71

（2）用"矩形工具"在文件上绘制两个矩形，左侧矩形属性值为：填充"纯色填充，RGB值为（158，6，76）"，描边"无"；右侧矩形属性值为：填充"纯色填充，RGB值为（115，4，51）"，描边"无"；然后将两个矩形形状图层栅格化，绘制完成后的效果如图5-72所示。

图 5-72

（3）在右侧矩形内输入客服信息。使用"直排文字工具"，输入两段"........."符号，将客服信息区域分为左、中、右三部分。使用"横排文字工具"在左中右三部分分别输入文字内容："客服中心""售前客服""售后客服"，选择合适的字体，字号"16"，颜色"白色"。使用"矩形工具"给文字添加底框，属性值为：填充"纯色填充，RGB值为（42，2，22）"，描边"纯色填充，颜色'白色'"，描边宽度"1点"。将客服中心的图标添加到文件中，并调整大小移动到"客服中心"文字下方。设置完成后在窗口中的显示效果如图5-73所示。

图 5-73

（4）在左侧的矩形中输入店铺名称。使用"横排文字工具"输入店铺名称"娃哈哈童车专营店"，字体"微软雅黑"，字号"36"，颜色"白色"；在店铺名称下方输入店铺口号"优质童车·给孩子快乐童年"，字体"幼圆"，字号"16"，颜色"RGB值为（246，103，154）"；调整两段文字到合适的位置。将箭头图片添加到文件中，放置在"优质童车·给孩子快乐童年"文字的两边，调整到合适大小。设置完成后的效果如图5-74所示。

（5）在"售前客服"区域内输入客服信息和图标。使用"横排文字工具"输入售前客服的名称，字体"微软雅黑"，字号"13"，颜色"白色"，如图5-75所示。

图 5-74

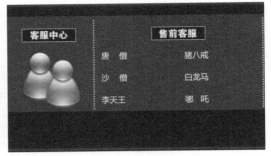

图 5-75

将客服的图标添加到文件中，并复制五个同样的客服图标，共计六个图标。调整各个图标的大小，并放置到客服名称的后方，设置完成的效果如图5-76所示。

（6）在"售后客服"区域内输入客服信息和图标。使用"横排文字工具"输入售后客服的名称，字体"微软雅黑"，字号"13"，颜色"白色"；将客服图标添加到文件中，并移动到文字的后方，调整后的效果如图5-77所示。

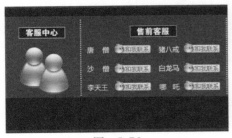

图 5-76

图 5-77

（7）使用"横排文字工具"在文件中输入"工作时间：AM8:00—PM12:00—节假日正常上班——娃哈哈全体员工，祝亲购物愉快！"，字体"隶书"，字号"18"，颜色"白色"，将文字移动到页面下方中间位置。整个的客服区域设计完成，整体的效果如图5-78所示。

图 5-78

商品详情页设计与制作

　　商品详情页是电商网店中用户最为关注的页面。商品详情页不仅要展示商品图片和内容，更要营造一种氛围和意境，促使顾客下单购买商品。因此，商品详情页的设计不仅要实用，将需要表达的信息以最直观的角度表现出来，而且也要兼顾美观和氛围营造，通过页面与消费者产生共鸣。

学习目标

1. 了解商品详情页的组成，能够根据商品特色设计详情页。
2. 掌握商品详情页的设计技巧，能够独立设计制作商品详情页。

模块一 商品详情页的创意设计

　　商品详情页需要通过图片和文字的配合，将产品的外观、功能、特色、品质等信息描述出来，设计美观、文案优秀的详情页，可以大量减少客服人员的咨询工作量，让顾客对商品感兴趣，有效提升商品的销售量。如图6-1所示的图片是淘宝首饰类店铺的详情页内容，其中包含店铺的促销商品、商品大图、商品细节介绍等内容。

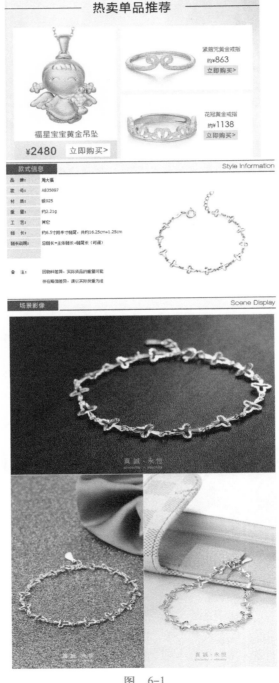

图　6-1

一、商品详情页的组成

商品详情页在进行设计时首先需要明确详情页的内容和排版，以及各部分内容的排列顺序，通过层层布局引导顾客进行浏览，营造销售氛围，从而有效地促进销售。商品详情页的组成内容较为丰富，通常包含以下几类内容。

1. 商品详情介绍

通过商品大图、细节图片与文字的描述，对商品的外形、属性、功能、特点进行详细的描述，使顾客对商品有全面、直观的了解。如图6-2所示，通过商品的实物图片和文字说明来描述商品。

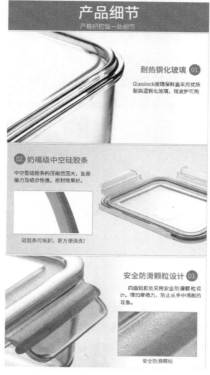

图　6-2

2. 本店促销产品或组合销售

在详情页展示店铺的促销活动产品或组合销售，有利于店铺的营销宣传活动，可以给顾客增加选择的空间，有利于店铺其他产品的销售。如图6-3所示为商品详情页中的产品促销信息。

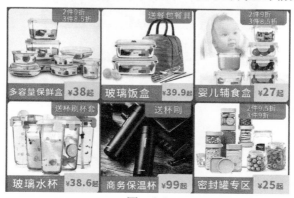

图　6-3

3．同类产品对比

通过图片和文字进行同类产品的对比说明，体现商品优势，提高商品的竞争力，可以有效地促使消费者购买商品。如图6-4所示，列举普通产品的劣势，同时列出本产品的优势，通过对比，突出展示商品的优良品质。

图 6-4

4．用户体验分享

通过商品的使用体验分享，可以使顾客进一步了解商品的属性，增加对商品的信任。用户体验可以是用户的评价信息，也可以是用户真人体验的拍摄图片。如图6-5所示为商品的使用方法展示，通过用户真人实拍的商品使用，给顾客带来真实、好用、功能多的观感。

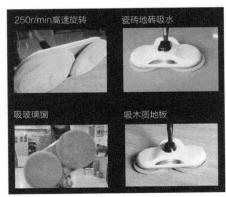

图 6-5

5．商家的其他信息

商家的其他信息包括物流、售后服务、品牌介绍等商家实力展示信息，这些信息可以增加顾客对商家的信赖。如图6-6所示，通过买家必读的内容，介绍物流的过程和店铺服务内容，让顾客安心购物。

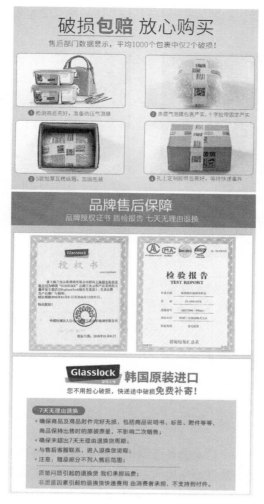

图　6-6

二、商品详情页设计技巧

商品详情页在设计时需要考虑图片、文字的排版组合，让商品的各方面特色都能够完美地展示在用户的面前，在具体设计时要遵循以下几个原则。

1. 详情页图文并茂

通过商品实拍大图和情境图，可以直观真实地展现商品的形貌特征、功能特点，给顾客最真实的感受；配合具有诱惑力的文案内容或者促销信息，可以抓住顾客眼球，营造吸力顾客注意力的场景氛围。只有图片没有文字，商品的很多属性只通过看图片是不能完全了解的；而只有文字没有图片，这样的详情页对顾客来说是没有价值的，因此，只有图文并茂的详情页才能更好地展示商品。如图6-7所示的商品详情页，通过商品实拍大图和使用中的情境图，给顾客身临其境的感受，很容易吸引顾客的注意力。

2. 注意细节图片展示

细节图片的展示是为了让顾客对商品有更全面的了解，商家应当针对商品最重要的卖点进行图文说明，精致的细节图往往更能使顾客对商家产生信任感，愿意购买商品，这就给产品的销售营造了一个良好的氛围。如图6-8所示商品细节图片配合文字说明，很好地展示了商品的功能特色。

图　6-7　　　　　　　　　　　　　　　　图　6-8

3．内容丰富、设计精美

商品详情页的设计中，商品信息的排版编辑非常重要，再好的产品，如果详情页中没有精美的设计与优秀的文案，是无法打动顾客的心，让顾客购买商品的。因此在进行排版设计时，不仅需要展示商品本身的图片、文案内容，还需要搭配其他的附加内容，让整个页面内容丰富，让店铺和宝贝的展示更加真实和完整，从而创造更好的营销氛围。

如图6-9所示商品详情页的部分内容，第一部分是店铺同类商品展示，让顾客感觉店铺商品款式多样、专业；第二部分是商品实拍大图，能让顾客第一眼就被吸引，使顾客关注商品本身；第三部分是商品的制作工艺内容，体现商家的专业性。通过丰富的内容、层层布局引导、精美的页面设计，吸引顾客关注商品，最终购买商品。

4．设计商品描述内容

在商品详情页中，为了方便顾客购买商品，了解商品的实际效果，需要设计"商品属性""尺码标准""试穿指导"等商品描述内容。由于商品的不同描述内容会展示在同一个商品详情页中，因此在设计时需要注意统一页面风格；可以将不同的描述内容进行分组，使用风格一致的标题栏对每组信息进行分类显示，这样可以让用户一目了然地浏览到想要了解的商品信息。

如图6-10所示商品详情页部分内容，该详情页中展示了产品信息、细节展示两个分类内容。在产品信息分类中包含了商品属性、商品指数、衬衫尺码和试穿指导四部分，通过使用表格的方式使信息易于展示，方便阅读，整个商品描述内容的结构清晰、完整，设计合理。

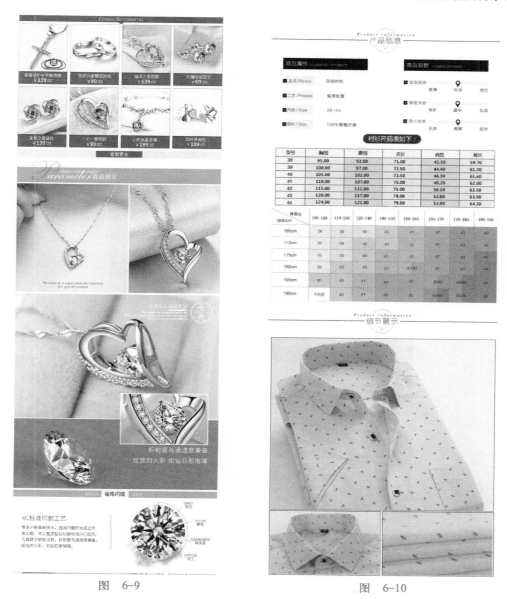

图 6-9　　　　　　　　　　　　　　　图 6-10

5. 商品详情页不宜过长

在设计商品详情页时需要注意，页面的长度不宜过长，页面过长会导致页面的加载速度变慢，也会让用户产生视觉疲劳。一般来说，个人计算机端控制在20屏以内，移动端控制在10屏以内都是比较合适的。

模块二　商品详情页案例

本案例是为"户外战术包"商品设计商品详情页面。在设计战术包详情页时，要详细了解战术包的各个部分，从战术包的功能、卖点、产品介绍、细节解析几个方面进行详情描述。整体页面分别以深黑灰和白色作为主色，按照分类的不同进行划分，整体偏向于简约、自然的风格。战术包商品详情页的设计效果如图6-11所示。

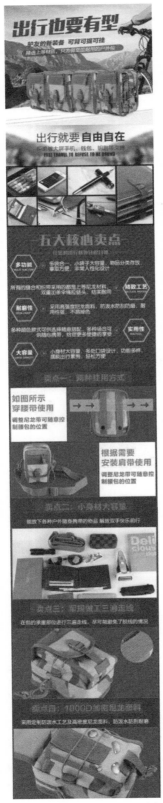

图　6-11

一、设计思路

（1）详细了解商品信息，在设计详情页的内容组成时，按照功能、卖点、产品介绍、颜色分类、外观、细节解析这几大分类进行商品图片和素材的收集和文案整理。

（2）战术包属于户外运动商品，在进行页面配色时，以深黑灰和白色作为主色，营造简约、时尚、大方的页面风格；文案字体采用橘黄色和白色搭配使用；各分类之间采用统一的灰底白字作为标题栏，使详情页内容清晰、有序，具有强烈的层次感，使用户能够快速地找到所需信息。

二、操作步骤

本案例的商品详情页设计由上至下的内容分别为：宣传海报、功能介绍、卖点综述、卖点的详细介绍、产品信息、外观展示和细节展示。下面分别介绍其中几个重点内容的制作步骤。

1．在Photoshop中新建空白文档

执行"文件"－"新建"命令，弹出"新建"对话框，如图6-12所示，单击"确定"按钮，创建"战术包详情页"空白文档。

图 6-12

2．宣传海报制作

（1）使用"矩形工具"在文档最上方绘制矩形，宽高值约为"750×560"像素，矩形颜色为"灰色"，将矩形形状图层栅格化，如图6-13所示；使用"多边形套索工具"在矩形下方勾勒出一个三角形选区，剪切并粘贴该选区，生成一个新的三角形图层，使用"移动工具"将图层向下移动，如图6-14所示。

图 6-13   图 6-14

（2）在图层面板上选中矩形图层，隐藏三角形图层，将海报的背景图片添加到文档中，调整到合适大小，如图6-15所示；将鼠标移动到图层面板中的海报背景图层和矩形图层的中间位置，按住<Alt>键，鼠标位置会出现一个向下的箭头，单击鼠标左键即创建剪贴蒙版，图片效

果如图6-16所示。

图　6-15　　　　　　　　　　　图　6-16

（3）单击图层面板中三角形图层前面的方框，出现眼睛图标，使图层可见，选中该图层；使用"移动工具"调整三角形的位置；使用"多边形套索工具"绘制两条斜向的线条，用"油漆桶工具"填充"灰色"，完成后的效果如图6-17所示，海报背景处理完成。

（4）将四个产品图片添加到文档中，调整图片的大小和位置，如图6-18所示。

图　6-17　　　　　　　　　　　图　6-18

（5）使用"横排文字工具"输入"出行也要有型"作为海报首标题，采用大字号；输入"驴友的新装备　可背可提可挂"，采用与标题同样的字体颜色，字号减小；输入"精选上等材质，只为做坚固耐用的户外包"，字体颜色"白色"，字号减小，使用"圆角矩形工具"给该段文字添加灰色底框；在图层面板中选中三个文字图层和圆角矩形图层，在键盘上按<Ctrl＋T>键，进入自由变换状态，将选中内容略微旋转，使文字倾斜，海报制作完成的效果如图6-19所示。

图　6-19

3．功能介绍

（1）功能介绍部分海报的宽高值约为"750×530"像素。用"矩形工具"绘制一个黑色的矩形框，宽高值为"750×210"像素，将该图层栅格化，如图6-20所示；将背景图片添加到文档中，调整大小，并覆盖于黑色矩形框上，如图6-21所示；将鼠标放在图层面板中矩形图层和背景图层中间，按住<Alt>键，单击鼠标左键创建剪贴蒙版，在图层面板中选中背景图层，用"移动工具"在文档中拖动背景调整到合适的位置，如图6-22所示；用"矩形工具"在文档中的背景图案下方绘制宽高为"750×320"的黑色矩形，并将该矩形图层栅格化，如图6-23所示。

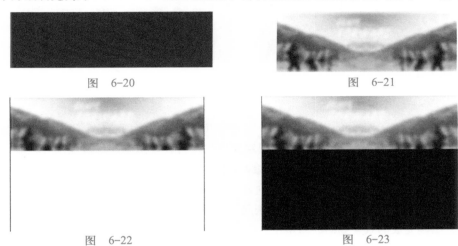

图　6-20　　　　　　　　　　　　　　　　图　6-21

图　6-22　　　　　　　　　　　　　　　　图　6-23

（2）使用"横排文字工具"在背景图上输入标题和文案内容，设置好字体、字号，如图6-24所示。

图　6-24

（3）使用"矩形工具"在黑色背景上绘制一个"150×150"的正方形，属性值为：填充"纯色填充，白色"，描边"纯色填充，橘色"，描边宽度"1点"，绘制完成的效果如图6-25所示；将产品功能图片添加到文档中，覆盖到正方形上，如图6-26所示；在图层面板中选中功能图片图层，执行"图层"－"创建剪贴蒙版"命令，然后使用"移动工具"，在文档中拖动功能图片，使之在蒙版中显示需要的图形，设置完成的效果如图6-27所示。

图　6-25　　　　　　　　　　　　　　　　图　6-26

（4）在黑色背景上使用"矩形工具"添加多个矩形框，并将产品功能图片按照对应的矩形框添加到文档中，并创建剪贴蒙版，使图片显示在矩形框中，全部添加完成的效果如图6-28所示，产品功能展示部分设计完成。

图　6-27　　　　　　　　　　　　　　　图　6-28

4．核心卖点图示介绍

（1）核心卖点图示部分的宽高值约为"750×740"像素。使用"矩形工具"绘制黑色的矩形，宽高值为"750×740"像素，将矩形图层栅格化；将背景图案图片添加到文档中，覆盖在黑色矩形上，创建剪贴蒙版，制作出黑色底纹背景，如图6-29所示。

（2）使用"横排文字工具"输入标题内容，如图6-30所示。

（3）使用"直线工具"在文字两端绘制线段，在绘制时按住<Shift>键，保持直线的水平和垂直状态，绘制完成的效果如图6-31所示。

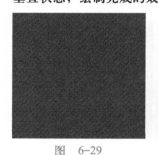 

图　6-29　　　　　　　　　图　6-30　　　　　　　　　　　图　6-31

（4）使用"多边形工具"绘制六边形，属性值设置：填充"无"，描边"纯色填充，白色"，描边宽度"2点"，边"6"，绘制的正六边形如图6-32所示；给多边形设置外发光样式，在图层面板中，执行"fx"—"外发光"命令，弹出"图层样式—外发光"编辑窗口，如图6-33所示，编辑好参数后，单击"确定"按钮，添加"外发光"样式后的六边形如图6-34所示。

图　6-32　　　　　　　　　图　6-33　　　　　　　　　图　6-34

（5）在工具箱中选择"自定形状工具"，在属性栏上单击"形状"后面的三角形，在弹出的下拉菜单中选择"前进"形状，如图6-35所示，在文档中用鼠标绘制该形状，如图6-36所示。

图 6-35 图 6-36

（6）使用"横排文字工具"，在六边形内输入核心卖点，并在"前进"图标后方输入卖点的具体描述，如图6-37所示。

（7）按照上面的方法，依次制作其他核心卖点的图标，并输入文字内容，核心卖点图示制作完成的效果如图6-38所示。

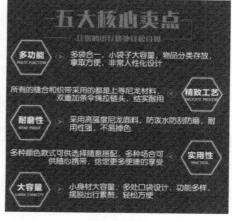

图 6-37 图 6-38

5. 卖点详细介绍

卖点详细介绍内容较多，每一个卖点都有针对性的详情说明。下面介绍"卖点一"的制作过程，其他卖点也采用相同风格的标题栏和背景。

（1）使用"矩形工具"绘制宽高值约为"750×2260"像素的黑色矩形，将该矩形图层栅格化；给该图层添加"图案叠加"效果，双击图层，在弹出的"图层样式"对话框中选择"图案叠加"选项，如图6-39所示，设置各属性值，单击"确定"按钮，设置完成的效果如图6-40所示，该图层作为卖点详细介绍部分的背景图层。

图 6-39 图 6-40

（2）制作标题栏。使用"矩形工具"绘制灰色的矩形标题栏的底框，在图层面板中将该矩形图层的"不透明度"调整为"70%"，如图6-41所示，绘制完成的矩形底框如图6-42所示；使用"横排文字工具"在灰色底框上输入标题内容，如图6-43所示；之后的卖点标题栏都采用这种设计方式。

图 6－41　　　　　　　　　图 6－42　　　　　　　　　图 6－43

（3）使用"矩形工具"在标题栏下方绘制两个矩形，左边矩形的宽高值为"290×290"像素，属性值为：填充"纯色填充，白色"，描边"纯色填充，橘色"，描边宽度"1点"；右边矩形的宽高值为"440×290"像素，属性值为：填充"纯色填充，灰色"，描边"纯色填充，橘色"，描边宽度"1点"；绘制完成的效果如图6-44所示。

（4）将产品卖点图片添加到文档中，调整大小，并移动到右边的边框内，如图6-45所示；使用"矩形工具"在战术包背带位置绘制一个长条矩形，属性值为：填充"纯色填充，颜色的RGB值为（191，172，134）"，描边"无"，将矩形图层栅格化，调整图层的"不透明度"为"78%"，制作完成后的效果如图6-46所示；使用"矩形选框工具"将长条矩形覆盖住背包带的区域选中，用"橡皮擦工具"擦除，使包带露出，如图6-47所示。

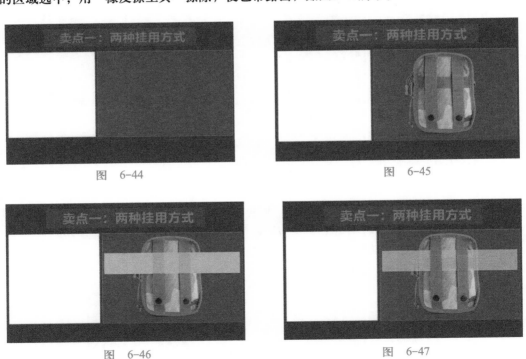

图　6-44　　　　　　　　　　　　　　　　　图　6-45

图　6-46　　　　　　　　　　　　　　　　　图　6-47

（5）在工具箱中选择"自定形状工具"，在属性栏上的"形状"菜单中选择"箭头13"形状，用鼠标在背包上的矩形框上绘制1个箭头，之后在图层面板上复制3个同样的箭头图层；使用"移动工具"，将箭头在矩形框上排列好，绘制完成后的效果如图6-48所示。

（6）使用"横排文字工具"在左侧的白色矩形框内输入卖点文字，如图6-49所示。

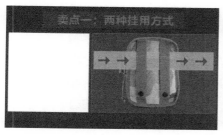

图 6-48 　　　　　　　　　　　图 6-49

（7）在图层面板中将放置图片和文字的两个矩形图层复制两个新图层，并将两个矩形的位置对调一下，如图6-50所示。

（8）将产品卖点图片添加到文档中，并放置于左侧的矩形中，调整到合适大小，如图6-51所示。

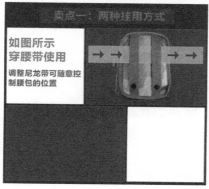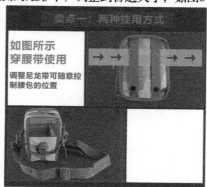

图　6-50 　　　　　　　　　　　图　6-51

（9）使用"横排文字工具"在文档右侧的矩形框内输入卖点文字。至此，"卖点一"的详情图设计完成，如图6-52所示。

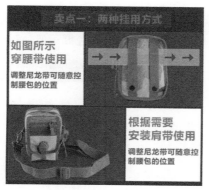

图　6-52

6．颜色展示

产品的详情介绍包括产品信息、颜色展示和角度展示三个部分，这里主要介绍颜色展示部分的制作方法。

（1）使用"矩形工具"绘制宽高值为"750×75"像素的矩形，将颜色展示部分的标题栏背景图片素材添加到文档中，并完全覆盖于矩形上，在图层面板中选中背景图片素材图层，单击鼠标右键，在弹出的右键菜单中选择"创建剪贴蒙版"命令，完成后的标题栏效果如图6-53所示。

（2）使用"横排文字工具"输入标题文字，如图6-54所示。

图 6-53   图 6-54

（3）使用"矩形工具"绘制矩形，属性值为：填充"纯色填充，颜色的RGB值为（212，177，149）"，描边"无"，绘制完成的效果如图6-55所示；在键盘上按<Ctrl + T>键，矩形图层进入自由变换状态，按住<Ctrl>键时，矩形的边角可以拖动变形，同时按下<Ctrl + Shift>键，可以保持矩形的边框水平或垂直变形，如图6-56所示；变形完成后，将矩形放置在文档中的合适位置，如图6-57所示。

（4）使用"横排文字工具"输入背包的颜色名称，如图6-58所示。

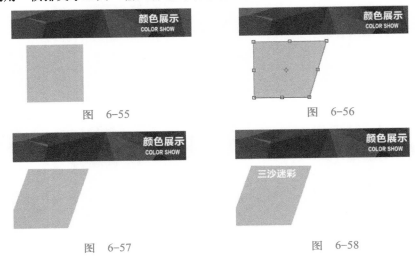

图 6-55   图 6-56

图 6-57   图 6-58

（5）将该款颜色的背包图片添加到文档中，调整到合适大小，放置在矩形框附近，如图6-59所示，一个颜色的背包展示设计完成。

（6）其他颜色的背包展示也按照相同的方式制作，在制作时，注意矩形的填充颜色尽量与战术背包的颜色相近，方便用户查看背包颜色。颜色展示部分制作完成的效果如图6-60所示。

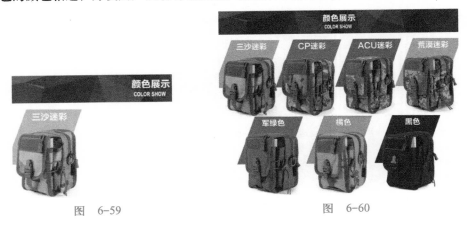

图 6-59   图 6-60

7．细节解析

最后是产品的细节展示，放大细节部分，加上细节的名称和介绍。为了统一风格，各部分细节展示采用相同的图案背景和文字背景。下面介绍其中一种细节展示的制作方法。

（1）使用跟"颜色展示"分类相同的标题栏来制作细节解析部分的标题栏，如图6-61所示。

图 6-61

（2）制作细节展示部分的整体背景。使用"矩形工具"绘制宽高值约为"3300×750"像素的黑色矩形，将该矩形图层栅格化；给该图层添加"图案叠加"效果，双击图层，在弹出的"图层样式"对话框中选择"图案叠加"选项，如图6-62所示，设置各属性值，然后单击"确定"按钮，设置完成的效果如图6-63所示。

图 6-62

图 6-63

（3）使用"矩形工具"绘制填充颜色为白色的矩形，其宽高值约为"730×450"像素，如图6-64所示；将产品的细节图片添加到文档中，放大图片并覆盖于白色矩形上；在图层面板中选中细节图片图层，单击鼠标右键，在弹出的右键菜单中单击"创建剪贴蒙版"命令；选择"移动工具"，移动细节图片，使之在矩形框内显示合适的图像。设置完成的效果如图6-65所示。

图 6-64

图 6-65

（4）使用"矩形工具"绘制灰色的矩形，其宽高值为"730×75"像素，在图层面板中设置该形状图层的"不透明度"为"65%"，如图6-66所示。

（5）使用"横排文字工具"输入该图片细节的文字说明，如图6-67所示，该细节展示部分制作完成。其他的细节展示部分，都按照该展示的风格制作。

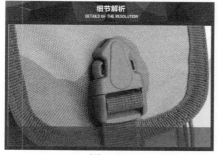

图 6-66

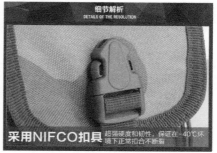

图 6-67

第七单元

店铺装修设计实例

　　成功的电商页面，通常都会有统一的店铺风格，从色彩、构图到风格创意都能有一套完整的创意和设计，让顾客一看到页面就能被吸引，从而关注店铺，直至购买商品。可以发现，现在的电商网页设计越来越有整体画面感，越来越能体现店铺独有的风格。

学习目标

1. 熟悉店铺首页整体风格的设计，熟练掌握各模块的设计技巧和制作方法。
2. 能够根据店铺风格和品牌特色，设计制作出具有创意的店铺首页。

模块一 美味零食店铺的创意设计

本案例为零食店铺设计网店页面，整体页面色彩绚丽，内容区域运用不同的颜色图形分隔版块内容，版块区分明确，视觉焦点明确，富有动感。为了营造趣味性，通过一条走路的小脚丫将整个页面串连起来，各个节点以及整体流向清晰，配合颜色分隔区与几何图形的产品展示区域，使得整体页面的空间感饱满，趣味性浓郁，非常吸引人。店铺首页效果如图7-1所示。

一、设计思路

1. 整体设计构思

整体页面的画面感很强，先设计大的画面关系，再添加细节和内容。在色彩搭配上，使用浅蓝色背景，又采用了蓝、粉、黄、紫四种颜色图形进行区域分割，增强了页面的层次感，丰富了画面的内容。通过小脚丫与色彩图形的搭配，使得整体页面的连贯性、引导性增强。整体画面的色彩丰富，趣味性强。

2. 店铺页面的布局内容

（1）零食旗舰店从店招开始整体采用活泼多样的设计风格，基本色用蓝色来吸引儿童和青少年买家。

（2）导航主要用来介绍店铺的产品种类和各项类目，便于买家选择和筛选，用背景加简单字体可以方便识别。

（3）欢迎模块的海报突出开学和零食的风格感觉，加上城堡和彩虹等元素，用粉笔样式的字体吸引买家。

（4）优惠券模块设计成童趣的风格，更增加了顾客的兴趣，提高了产品的宣传作用。

图 7-1

（5）中间内容部分采用不同颜色相同模板的版块，介绍几类主要的产品，色彩运用跳跃明亮的感觉，与整体风格相吻合。

（6）首页最后部分用多个小朋友的手绘元素来结尾，首尾呼应，与页面整体风格一致，活泼、可爱，充满童趣。

二、操作步骤

1. 在Photoshop中新建空白文档

执行"文件"—"新建"命令，弹出"新建"对话框，如图7-2所示，输入宽高等参数值，单击"确定"按钮，创建一个新文档。新建图层，设置前景色的RGB值为（79，222，239），使用"油漆桶工具"给新图层添加颜色，作为零食店铺首页的背景色，如图7-3所示。

图　7-2 　　　　　　　　　　　　　图　7-3

2．制作店招

（1）使用"矩形工具"绘制"1920×120"像素的长方形，填充颜色的RGB值为（224，249，253），栅格化该矩形图层，使用"移动工具"将长方形紧贴文档上边缘摆放；再用"矩形工具"绘制"1920×30"像素的正方形，填充颜色的RGB值为（32，110，176），栅格化该矩形图层，将该矩形和之前制作的矩形按上下序列摆放，如图7-4所示。

（2）使用"横排文字工具"输入店铺名称"馋嘴零食旗舰店"，如图7-5所示。

图　7-4 　　　　　　　　　　　　　图　7-5

（3）使用"圆角矩形工具"绘制关注标记的底边框，如图7-6所示；在工具箱中选择"自定形状工具"，在属性栏中的"形状"选项菜单中选择"红心形卡"，如图7-7所示；在底边框上绘制心形，如图7-8所示；使用"横排文字工具"输入"关注"字样，完成后的效果如图7-9所示。

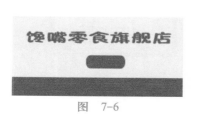

图　7-6 　　　　　　　　　　　　　图　7-7

图　7-8 　　　　　　　　　　　　　图　7-9

（4）本例中的店招直接将主要活动分类以文字的方式展示，简单直接，一目了然。使用"横排文字工具"将活动名称输入，调整好位置，如图7-10所示；使用"直线工具"在各分类名称之间绘制小线段，用于分隔，如图7-11所示。

图　7-10

图　7-11

（5）制作收藏图标。用"矩形工具"绘制矩形边框，属性值设置：填充"纯色填充，白色"，描边"纯色填充，RGB值为（32，110，176）"，描边宽度"4点"；绘制完成的效果如图7-12所示；将素材图片添加到文档中，调整大小，移动到边框上，如图7-13所示；使用"横排文字工具"输入"收藏店铺"，如图7-14所示；输入虚线"－－－－－－"，并栅格化图层，再复制三个虚线图层，置于边框四周，按<Ctrl+T>键，通过自由变换调整位置。制作完成的收藏图标如图7-15所示。

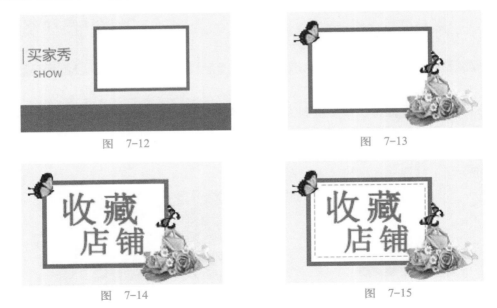

图　7-12

图　7-13

图　7-14

图　7-15

（6）制作导航栏。导航栏用来展示产品类目，便于用户选择。通过"横排文字工具"输入商品分类名称，使用"直线工具"在分类之间绘制线段用于分隔。店招制作完成的效果如图7-16所示。

图　7-16

3．欢迎模块制作

（1）用"矩形工具"绘制尺寸为"1920×700"像素的白底矩形，移动到店招下方，将矩形图层栅格化；将背景图片添加到文档中，按<Ctrl+T>键，使背景图层自由变换，用鼠标拉伸背景图片，使其完全覆盖白色矩形区域，如图7-17所示；在图层面板中选中背景图片图层，修改其"不透明度"为"17%"，如图7-18所示；修改完成后的效果如图7-19所示。

图　7-17　　　　　　　　　　图　7-18　　　　　　　　　　图　7-19

（2）将城堡、彩虹素材图片添加到文档中，调整大小，移动到欢迎模块左侧区域摆放，如图7-20所示；将亮光PNG素材图片添加到文档中，移动到城堡四周，营造闪亮浪漫的效果，如图7-21所示。

图　7-20

图　7-21

（3）欢迎模块右侧是文字内容区域。将素材图片添加到文档中，调整位置和大小，使其作为文字的底图，如图7-22所示；在图层面板中创建新分组，将这些素材图片添加到分组中，应用"图层样式"—"颜色叠加"给分组中的所有图层添加颜色叠加效果，如图7-23所示，颜色的RGB值为（79，222，239），使分组中的所有素材图片颜色统一，效果如图7-24所示。

图　7-22　　　　　　　　　　　　　　　　图　7-23

图　7-24

（4）输入文字"开学那点事儿"，如图7-25所示；使用"直线工具"绘制线段，组成倾斜的矩形，绘制完成后将四个线段图层合并，并栅格化图层；在矩形框内输入文案内容，按<Ctrl+T>键，使文字图形自由变换，将文字倾斜，与矩形框一致，如图7-26所示。

图　7-25　　　　　　　　　　　　　　　　图　7-26

（5）输入文字"新学期健康必备"，并倾斜文字，如图7-27所示；输入文字"Welcome Back to SCHOOL"，并创建文字变形效果，如图7-28所示。

图 7-27   图 7-28

（6）将云朵素材图案添加到文档中，沿着欢迎模块底边线拉伸，如图7-29所示。

图 7-29

（7）输入分类名称，注意不同的分类使用不同的文字颜色，并将分类名称错开摆放，如图7-30所示。

图 7-30

（8）将曲线素材添加到文档中，同时复制三个曲线图层，将曲线移动到分类名称中间，并调整曲线的方向。如图7-31所示。

图 7-31

（9）设计完成的欢迎模块如图7-32所示。

图　7-32

4. 优惠券模块制作

（1）用"矩形工具"绘制"80×80"像素的正方形，填充颜色的RGB值为（216，10，102），描边"无"，如图7-33所示；复制正方形图层，按<Ctrl+T>键，将复制图层旋转90°，如图7-34所示，将两个正方形图层合并，并栅格化图层。

图　7-33

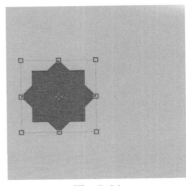

图　7-34

（2）使用"横排文字工具"在矩形图形上输入"秒"字，如图7-35所示；在矩形图形旁边输入秒杀的文案内容，如图7-36所示。

图　7-35

图　7-36

（3）按照相同的方法，制作其他两个促销活动图形，完成后的效果如图7-37所示。

图　7-37

（4）使用"矩形工具"绘制约为"900×100"像素的矩形，填充颜色的RGB值为（78，197，227），描边"无"，如图7-38所示。

图　7-38

（5）复制矩形图层，按<Ctrl+T>键，将复制矩形图层进行自由变换，按住<Ctrl>键的同时，用鼠标拖动矩形的下边角，如图7-39所示。

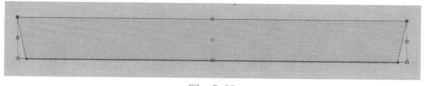

图　7-39

（6）在图层面板中选择矩形图层，将矩形移动到复制矩形的下方，按<Ctrl+T>键，将矩形图层进行自由变换，如图7-40所示；将两个矩形图层合并，并栅格化，如图7-41所示。

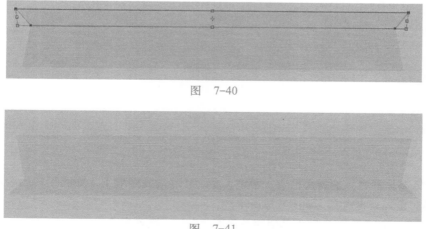

图　7-40

图　7-41

（7）给栅格化后的矩形图层添加"描边"效果，双击图层，弹出"图层样式"对话框，选择"描边"选项，设置描边参数，如图7-42所示；添加描边后的效果如图7-43所示。

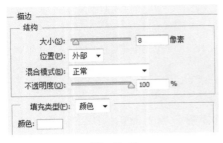

图 7-42　　　　　　　　　　　　　　　　图 7-43

（8）使用"椭圆工具"绘制白色的正圆形，如图7-44所示；栅格化正圆形图层，双击图层，在"图层样式"对话框中选择"投影"选项，设置投影参数，如图7-45所示；设置完成的投影效果如图7-46所示。

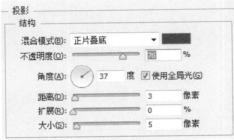

图 7-44　　　　　　　　　　图 7-45　　　　　　　　　　图 7-46

（9）将图片素材添加到文档中，调整大小覆盖到圆形上，如图7-47所示；将鼠标移至图层面板中圆形和素材图层的中间，按住<Alt>键的同时，单击鼠标，即可创建剪贴蒙版，完成后的效果如图7-48所示；使用"椭圆工具"绘制黄色的正圆形，移动到中间位置，并添加投影特效，如图7-49所示。

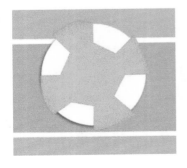
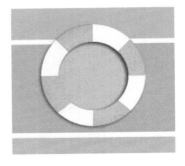

图 7-47　　　　　　　　图 7-48　　　　　　　　图 7-49

（10）将图片素材添加到文档中，调整大小，并移动到圆形上，如图7-50所示；使用"横排文字工具"输入文案内容，如图7-51所示。

（11）按照同样的方法，制作其他两个优惠券图标，制作完成后的效果如图7-52所示。

图 7-50

图 7-51

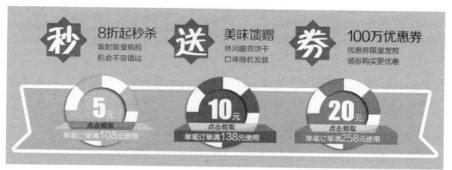

图 7-52

5．中间区域彩色分隔制作

（1）使用"矩形工具"绘制"1920×1500"像素的背景矩形，填充颜色的RGB值为（66，207，225），描边"无"；栅格化该矩形图层，如图7-53所示。

（2）将波浪边图片添加到文档中，调整大小，移动到背景矩形的上边缘，如图7-54所示；复制波浪边图层，用"吸管工具"吸取背景矩形的颜色作为前景色，用"油漆桶工具"给复制波浪边图层涂上前景色，用"移动工具"将图片向左微移，制造层次感，如图7-55所示。

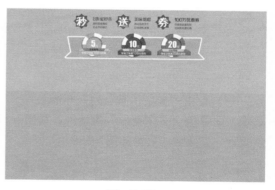

图 7-53

图 7-54

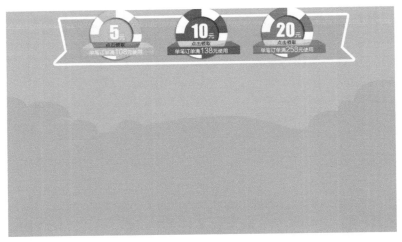

图 7-55

（3）将标题图标添加到文档中，调整大小，移动到波浪边的中间位置，如图7-56所示。

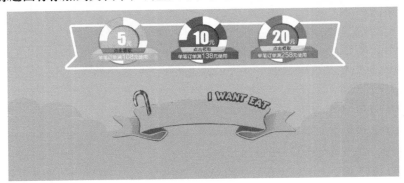

图 7-56

（4）使用"文字工具"输入标题名称"掌柜强烈推荐"，单击属性栏的"创建文字变形"选项，即弹出"文字变形"对话框，如图7-57所示，调整变形样式，使文字与标题栏的弯曲弧度接近，完成后的效果如图7-58所示。

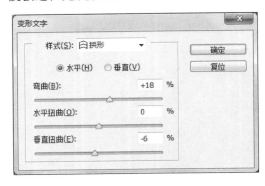

图 7-57

图 7-58

（5）给文字图层添加描边特效，执行"图层"—"图层样式"—"描边"命令，弹出"图层样式—描边"对话框，设置参数，如图7-59所示，完成后的文字效果如图7-60所示。

（6）按照同样的方法制作其他三个彩色分隔区域，完成后的效果如图7-61所示。

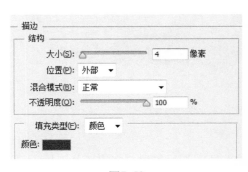

图7-59

图 7-60

图 7-61

6．版块内容制作

（1）将版块背景图片添加到文档中，调整到合适大小，移动到版块标题下方，如图7-62所示。

（2）使用"钢笔工具"沿着版块背景的边框内侧绘制路径，绘制完成后，在工具箱中选择"横排文字工具"，将鼠标指针放到路径上，当指针变成曲线的时候，单击路径输入"－"字符，"－"字符会沿着路径环绕，一直输入，直到环绕路径一圈，这样就形成一圈虚线圈，如图7-63所示。

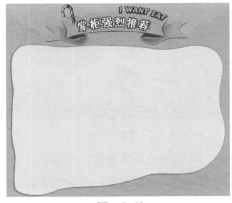

图 7-62

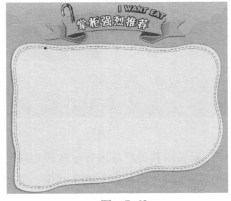

图 7-63

（3）使用"钢笔工具"绘制形状，填充颜色的RGB值为（255，85，0），栅格化该形状图层，如图7-64所示；使用"横排文字工具"输入小标题和文案内容，如图7-65所示，小标题的文字需要创建文字变形，使其与背景图形弯曲的弧度相近。

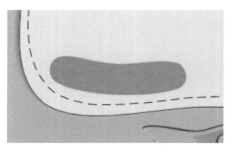 

图 7-64　　　　　　　　　　　　　图 7-65

（4）使用"钢笔工具"在版块内绘制需要的路径，然后使用"文字工具"输入"－"字符，使字符环绕路径，形成封闭区域，如图7-66所示。

（5）使用"钢笔工具"绘制形状，填充白色，如图7-67所示。

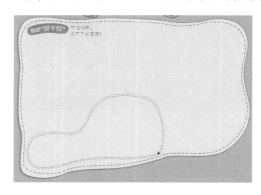 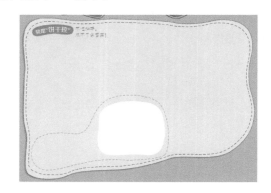

图 7-66　　　　　　　　　　　　　图 7-67

（6）将产品图片添加到文档中，调整大小，移动到白色区域，如图7-68所示；使用"文字工具"添加产品说明文字、价格等信息，如图7-69所示。

 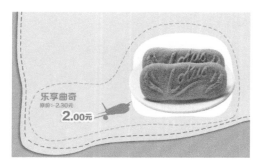

图 7-68　　　　　　　　　　　　　图 7-69

（7）版块内其他产品内容也按照相同的方式制作，完成后的效果如图7-70所示。

（8）将小脚丫图标添加到文档中，复制多个，按照曲线的位置摆放，并按照移动方向调整小脚丫的方向，如图7-71所示。

图　7-70

图　7-71

模块二 ▶ 水墨风茶叶店铺的创意设计

　　本案例为茶叶店铺设计网店页面，店铺页面的设计体现了中国水墨画的风格意境。页面中采用传统的中国元素图像与产品相搭配，配合古诗、散文，体现出一种诗香茶韵的意境，让人感受到中国千年流传下来的茶道、茶韵、茶意、茶香。页面设计效果如图7-72所示。

一、设计思路

1. 整体设计构思

本案例设计古典风格的网店页面，使用简单的构图，清雅的颜色，运用中国水墨画的手法，采用多种中国传统风格元素，体现茶叶在中国的悠久历史；通过创意字体来表现主题风格的雅致，整体页面的典雅、唯美、清新，给人留下美好的印象。

为了实现水墨画的风格，整体页面以浅灰色作为主体色调，给人一种不张扬、清淡、雅致的感觉；搭配深棕色和深灰色图形，使得页面表现轻松写意；文字以暗红棕色为主，与水墨画写意的风格融合得很好，简约大气。

2. 店铺页面的布局内容

（1）店招设计，店招包括店铺名称、收藏、全部分类等目录介绍，设计风格和主题的中国风风格一致，突出茶叶的自然和清新。

（2）欢迎模块的海报部分，进行整体风格的固定和修饰，不用展示产品，主要用来包装店铺的整体风格。

（3）主要产品展示部分，把茶叶放在一个中国风山水画的环境中修饰，展示茶叶的天然和沁人心脾的感觉。

（4）插入一个海报背景用来配合整体风格，加入中国风元素的扇子和古典窗，烘托氛围。

（5）页底热销产品展示区域，起到首页宣传的作用。

图 7-72

二、操作步骤

1. 在Photoshop中新建空白文档

执行"文件"—"新建"命令，弹出"新建"对话框，如图7-73所示，输入宽高等参数值，单击"确定"按钮，创建一个新文档。新建图层，设置前景色的RGB值为（238，233，212），使用"油漆桶工具"给新图层添加颜色，作为茶叶店铺首页的背景色，如图7-74所示。

图 7-73　　　　　　　　　　　　　　　　图 7-74

2．店招制作

（1）执行"视图"—"新建参考线"命令，打开"新建参考线"对话框，如图7-75所示，创建一条水平方向、150像素位置的参考线帮助定位。将店招背景图片素材添加到文档中，按<Ctrl+T>键，将背景图片转入自由变换状态，调整图片的大小，完全填充蓝色参考线之上的区域，如图7-76所示；在图层面板上，更改店招背景图层的混合模式为"正片叠底"，不透明度为"37%"，如图7-77所示；调整完成后的图片效果如图7-78所示。

图　7-75

图　7-76

图　7-77

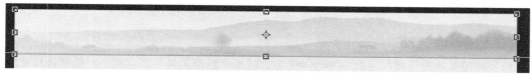

图　7-78

（2）将梅花、绿叶、绿洲素材添加到文档中，移动到店招左侧，调整大小并放置在合适的位置上，如图7-79所示。

（3）将假山素材拖入文档中，移动到店招右侧，调整到合适大小。由于图片不

图　7-79

规则，需要应用图层蒙版，用"矩形选框工具"，在假山素材上沿着店招的上下边沿，绘制出合适的矩形选区，如图7-80所示；单击图层面板下方的"添加图层蒙版"选项，即可得到素材的规则的区域内容，如图7-81所示。

图　7-80

图　7-81

（4）使用"横排文字工具"，输入店铺名称"忆江湖茶庄"和欢迎词"欢迎光临本店"，如图7-82所示。

图　7-82

（5）制作店铺收藏图标。使用"矩形工具"绘制暗红色矩形，移动到店招右侧摆放，用"横排文字工具"输入"收藏本店"，将文字移动到矩形内，店铺收藏图标制作完成，如图7-83所示。

图　7-83

（6）使用"横排文字工具"在店招下方输入店铺导航栏分类："返回首页 全部分类 新款热卖 每周新品区 店铺动态。"店铺店招制作完成，如图7-84所示。该店招设计风格与店铺整体的古典水墨风一致，内容简单、雅致，返璞归真。

图　7-84

3．欢迎模块

（1）欢迎模块的海报尺寸为1920×600像素，使用"矩形工具"在店招下方绘制该尺寸的淡灰色矩形，紧挨着店招放好，栅格化该矩形图层；将水墨山水画素材图片添加到文档中，调整到合适大小，并移动到合适的位置，如图7-85所示。

图　7-85

（2）将素材图片添加到文档中，完全覆盖于矩形图层上，在图层面板上，将鼠标移至水墨画图层和矩形图层之间，按住<Alt>键，单击鼠标左键，即创建剪贴蒙版；之后再将鼠标移至素材图层和水墨画图层之间，再创建剪贴蒙版，如图7-86所示；使用剪贴蒙版后，能保证将素材图片的展示范围限制在矩形图层的范围内，效果如图7-87所示。

图　7-86

图　7-87

（3）将小船和茶壶的素材图片添加到文档中，调整大小，并移动到合适的位置，如图7-88所示。

图　7-88

（4）为了使画面下方看起来明亮，将亮光的PNG素材添加到文档中，调整大小，覆盖下方地板区域，使画面明亮，有灵动感，如图7-89所示。

图　7-89

（5）创意字体制作。使用"横排文字工具"输入"窗"字，将窗字图层栅格化，显示效果如图7-90所示；用"直线工具"在文字上斜向画一条线段，如图7-91所示。

（6）在图层面板上选中"窗"字图层，用"吸管工具"吸取"窗"字下方的背景颜色；选择"画笔工具"，在属性栏上单击"画笔"选项，在弹出的对话框里调整画笔的"硬度"为"100%"，如图7-92所示；将文档中斜线下方的"窗"字部分用画笔涂抹，因为选取的是背景颜色，被涂抹的部分与背景色相同，看上去是将"窗"字删除了一部分，显示效果如图7-93所示。

图 7-90

图 7-91

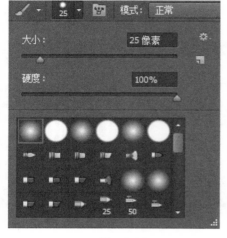

图 7-92

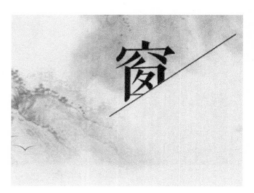

图 7-93

（7）使用"横排文字工具"输入"外"字，移动到合适位置，如图7-94所示。

（8）使用"直排文字工具"输入"专属于你的风景"，如图7-95所示。

图 7-94

图 7-95

（9）选择"直排文字工具"输入文案内容，用鼠标选中输入的文案内容，单击右侧栏上的"字符"选项，在弹出的"字符"对话框中设置字符样式，选中"T"下画线选项，如图7-96所示，给文字添加下画线样式，完成后的效果如图7-97所示。

图　7-96

图　7-97

（10）欢迎模块的海报制作完成，与店招一起展示的效果如图7-98所示。

图　7-98

4．主要产品展示

（1）使用"横排文字工具"输入产品展示部分的标题和内容，如图7-99所示。

台湾高山茶

梨山高山茶－大禹岭茶－阿里山茶－金萱苦茶

图　7-99

（2）制作产品展示背景图。新建空白透明文档，选择"画笔工具"，单击属性栏的"画笔"选项，选择"大油彩蜡笔"，如图7-100所示；设置前景色，用"画笔工具"在空白图层上涂色，如图7-101所示；再依次设置前景色，用"画笔工具"画出颜色层次，如图7-102、图7-103所示；选择工具箱的"涂抹工具"，如图7-104所示；用"涂抹工具"涂抹颜色的边缘达到融合，完成后的效果如图7-105所示。

（3）将制作完成的产品展示背景图片添加到店铺首页文档中，将其尺寸放大到约为1040×1560像素，如图7-106所示。

（4）将图片素材添加到文档中，调整大小，移动到合适的位置，通过图像对页面进行简单的划分，如图7-107所示。

图 7-100

图 7-101

图 7-102

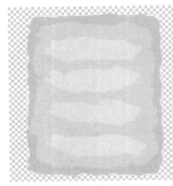

图 7-103

图 7-104

图 7-105

图 7-106

图 7-107

（5）将产品图片添加到文档中，调整大小，移动到合适的位置，如图7-108所示。

（6）使用"直排文字工具"将文案内容输入到文档中的相应位置上，如图7-109所示。

图　7-108　　　　　　　　　　　　　　　图　7-109

（7）制作创意文字标题。制作"晔"字添加斜线的创意效果，如图7-110所示；选择"椭圆工具"，按住<Shift>键的同时用鼠标绘制正圆形，如图7-111所示；使用"文字工具"输入"回"字，制作完成的效果如图7-112所示。

图　7-110　　　　　　　　图　7-111　　　　　　　　图　7-112

（8）按照同样的创意文字制作方法，制作其他的两个标题文字，文字效果如图7-113、图7-114所示。

（9）主要产品展示部分制作完成，效果如图7-115所示。

图 7-113

图 7-114

图 7-115

5．页底热销产品展示

（1）将背景图案添加到文档中，移动到页面最下方中间位置，如图7-116所示。

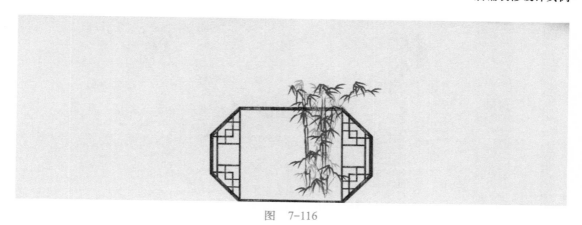

图 7-116

（2）用"矩形工具"绘制一个"1920×480"像素的矩形，填充颜色与背景色一致，覆盖于背景图案上方，如图7-117所示。

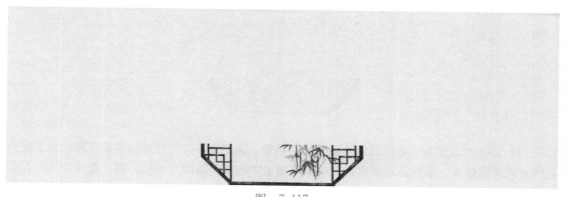

图 7-117

（3）添加扇子造型。本设计将添加四个扇子图片，在摆放时注意摆放位置要基本均等。将一个扇子图片素材添加到文档中，调到合适大小，摆放于左侧，如图7-118所示；在图层面板中，将扇子图层的不透明度降低，如图7-119所示。

图 7-118

图 7-119

（4）制作创意文字。整个店铺首页的标题都采用了相同类型的创意文字，保持了统一性，只是文字大小略有区别。使用"横排文字工具"输入文字后，制作创意文字，如图7-120所示；使用"直排文字工具"输入文案内容，扇面文字输入完成，如图7-121所示。

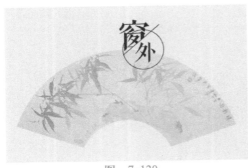

图　7-120　　　　　　　　　　　　　图　7-121

（5）其他三个扇子和标题内容，都采用相同的制作方法，制作完成后的效果如图7-122所示。

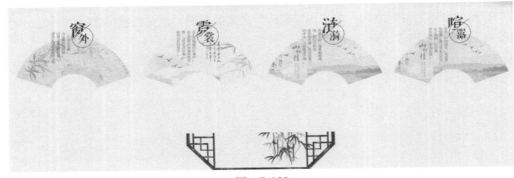

图　7-122

（6）添加产品图片。将产品图片添加到文档中，调整大小，并移动到扇面下方。为了使产品图片效果更逼真，给产品添加阴影。在图层面板中选择产品图片图层，用"魔棒工具"在文档中单击产品周围区域，产生选区，单击鼠标右键，在弹出的右键菜单中选择"选择反向"选项，则产品图案区域成为选区，如图7-123所示，按<Ctrl+C>键复制选区，再按下<Ctrl+V>键粘贴选区，生成新的产品图层。

（7）在图层面板中选择新的产品图层，将产品图案区域形成选区，用"油漆桶工具"填充黑色，如图7-124所示。

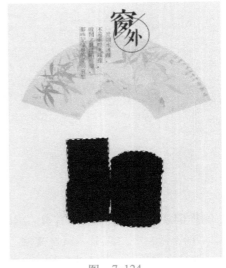

图　7-123　　　　　　　　　　　　图　7-124

（8）执行"滤镜"—"模糊"—"高斯模糊"命令，弹出"高斯模糊"对话框，调整"半径"的参数值，如图7-125所示，产品图像的模糊效果如图7-126所示。

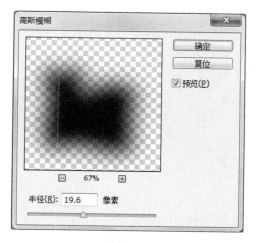

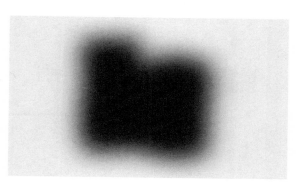

图 7-125

图 7-126

（9）在图层面板中将新的产品图层移动到原产品图层下方，选择新的产品图层，按<Ctrl + T>键，使图层进入自由变换状态，通过变形，让黑色产品图调整成产品的倒影样式，如图7-127所示；在图层面板上调整图层的不透明度为"40%"，如图7-128所示；完成的产品倒影如图7-129所示。

图 7-127

图 7-128

图 7-129

（10）为其他的产品图片也制作倒影效果，完成后的页面效果如图7-130所示。

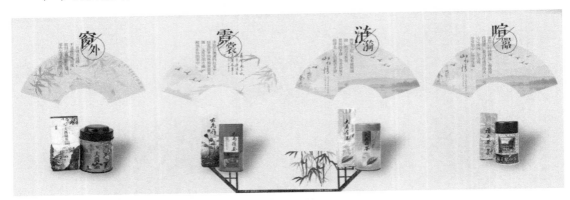

图　7-130